AF854439

PICCOLA BIBLIOTECA GUANDA

In copertina: illustrazione di Giovanna Durì
Grafica: *the*World*of*DOT
Progetto grafico: Guido Scarabottolo

Per essere informato sulle novità
del Gruppo editoriale Mauri Spagnol visita:
www.illibraio.it

ISBN 978-88-235-1412-6

© 2016 Ugo Guanda Editore S.r.l., Via Gherardini 10, Milano
Seconda edizione ottobre 2016
Gruppo editoriale Mauri Spagnol
www.guanda.it

MARCO BELPOLITI

LA STRATEGIA DELLA FARFALLA

Illustrazioni di Giovanna Durì

UGO GUANDA EDITORE

a Carlino Cagliani
e alle coccinelle del garage

Introduzione

Non siamo soli. Non mi riferisco alle forme di esistenza su altri pianeti, o a sistemi solari lontani anni luce da noi, ma al nostro Pianeta. Gli zoologi hanno descritto oltre un milione di specie animali viventi; di queste, almeno tre quarti sono costituite dagli insetti, tuttavia nel nostro raggio d'azione di umani gli insetti quasi non esistono. Solo nei mesi estivi ci accorgiamo della loro presenza, eppure il loro numero è incredibile.

Nel globo terrestre vi sarebbero un miliardo di miliardi d'insetti, duecento milioni di insetti per ogni essere umano. Sono numeri, è vero, ma basta guardarsi intorno durante la bella stagione per rendersi conto che le api ronzano sui prati, le formiche attraversano i cortili, le zanzare volteggiano nelle stanze delle case, per non dire dei parassiti che ci accompagnano, dai pidocchi alle zecche e alle pulci, alcuni addosso a noi, alcuni sotto di noi. Tuttavia continuiamo a ignorare gli insetti, li consideriamo una fastidiosa appendice della nostra esistenza, di cui faremmo volentieri a meno.

Come uomini ci riteniamo al culmine della scala degli esseri viventi. Lo facciamo perché siamo dotati di ragione, mentre gli animali, gli insetti in particolare, non posseggono uno strumento altrettanto potente e decisivo. Siamo da questo punto di vista straordinariamente egocentrici; giudicare gli altri esseri viventi solo in rapporto alle proprie capacità intellettuali è un atto di presunzione. Se al criterio dell'intelligenza – strumento di cui si può sempre dubitare, visto lo stato in cui è ridotta la Terra – sostituiamo, come sostengono gli entomologi, quello numerico, ci rendiamo facilmente conto che gli Artropodi sono i veri protagonisti di quella evoluzione che Charles Darwin ha individuato solo di recente (rispetto ai tempi di esistenza degli insetti).

Apparso centinaia di milioni di anni fa, il grande *phylum* animale degli Artropodi, che comprende oltre agli insetti anche i crostacei, i miriapodi e i chelicerati, domina l'intero globo terracqueo, dai mari alle terre emerse. Come ha sottolineato in una sua conferenza del 1958 Karl von Frisch, lo scienziato che ha scoperto il linguaggio delle api, gli insetti non usano la riflessione, ma hanno comportamenti innati, gli istinti, che guidano le loro azioni nel corso della vita e sono capaci di apprendere. Non si tratta per nulla di esseri «inferiori», dal momento che il loro livello di organizzazione è sul medesimo piano di quello dei vertebrati.

Karl von Frisch cita uno dei più piccoli esseri viventi, l'*Alaptus minimum*, un icneumone le cui larve, lunghe 1/5 di millimetro, vivono da parassiti nelle uova di altri piccoli insetti. Ebbene, questo minimo essere possiede un'organizzazione complessa con muscoli, organi respiratori ed escretori, intestino, sistema nervoso, gonadi, occhi e organi olfattivi. Non è meno complesso del corpo umano.

Secondo Edward O. Wilson gli insetti non hanno conquistato il mondo superiore, quello che abitiamo noi, solamente a causa del guscio chitinoso, che impedisce loro di crescere e di raggiungere una dimensione rilevante, cosa che ai mammiferi, e in particolare agli umani, non accade: il nostro scheletro è posto all'interno del corpo. Gli insetti sono difesi da una robusta corazza che tuttavia costituisce una gabbia che li delimita. Ma ci sono altre ragioni per cui è bene riflettere sul destino di questi esseri minuscoli, di cui non ci occupiamo se non quando ci infastidiscono.

Nel libro dedicato ai lombrichi, *La formazione del terriccio vegetale per l'azione dei lombrichi, con osservazioni sui loro costumi*, ultima sua opera, Darwin cita una massima: *de minimis lex non curat*, sottolineando che questo non si applica alla scienza. Sono stati zoologi come Karl von Frisch e Edward O. Wilson a farci riflettere su come gli insetti intorno a noi hanno grandi possibilità di sopravviverci. Basta pensare alla durata della loro vita. Poche settimane in alcuni casi, in altri al massimo un anno o due. Von Frisch sostiene che questa brevità dell'esistenza è funzionale alla possibilità degli insetti di sopravvivere in quanto specie.

«La modifica dell'ambiente» scrive von Frisch riferendosi all'insetto «nel corso dei periodi geologici segue il suo ritmo.» Una specie che in cento anni produce cinquemila generazioni subisce molte più mutazioni di una che nel medesimo lasso di tempo ne produce solo trenta. L'evoluzione dell'uomo raffrontata con quella degli insetti è stata certamente più impetuosa e rapida, sostiene von Frisch, ma cosa succederà nei millenni che verranno?

Gli insetti sembrano, a detta degli zoologi, più adatti di noi a scampare ai mutamenti climatici e alle evoluzioni del Pianeta. Ovunque ci giriamo, in qualunque parte della Terra ci troviamo, la potenza degli insetti ci appare incredibile. Noi siamo comparsi di recente: due milioni e mezzo di anni fa come genere *Homo*, duecentomila come *Homo sapiens*. Gli insetti abitano questo Pianeta da trecento milioni di anni; nell'età carbonifera le blatte, che oggi frequentano le nostre case, scorrazzavano per foreste di felci e di equiseti. Sessanta milioni di anni fa gli insetti ebbero una straordinaria fioritura. Karl von Frisch si è chiesto se il continuo sviluppo degli insetti in periodi più lunghi non rappresenti un pronostico migliore del nostro per l'avvenire.

Cosa sappiamo di loro? Ancora molto poco, nonostante lo studio attento che gli dedicano da più di due secoli gli entomologi, da René de Réaumur ai *Ricordi di un entomologo* di Jean-Henri Fabre. Cosa conosciamo del loro modo di percepire la durata temporale? Come ha osservato un pioniere dell'etologia, Jakob von Uexküll, le stesse prestazioni degli organi sensoriali della mosca suggeriscono criteri oggettivi diversi dai nostri per valutare lo scorrere del tempo. L'occhio delle mosche, come quello delle api, è in grado di percepire un numero più elevato d'impressioni ottiche rispetto a quello umano; i loro occhi assorbono oltre duecento impressioni ottiche al secondo, mentre per noi la più piccola unità di tempo è di circa 1/20 di secondo. Cos'è un istante per una mosca? Certamente qualcosa di diverso di quello che vale per un *Homo sapiens*.

Gli insetti mi attraggono e mi respingono. Sin da quando ero piccolo ho avuto uno strano e ambivalente rapporto con il loro mondo, spesso mediato dalla lettura dei libri, oltre che dalla osservazione diretta. Non ho la vocazione dell'entomologo, ma insieme a piante e minerali, l'universo degli insetti è uno di quelli che più mi attirano. Non credo che avrei potuto dedicare la mia vita allo studio degli insetti, o di un singolo insetto tra le centinaia di migliaia di specie, ma nutro ammirazione per coloro che svolgono questo mestiere, tutte persone, per quello che mi è capitato di vedere, dotate di una vera vocazione. Trovare l'universo in un solo insetto, inserire l'insetto nell'universo conosciuto e conoscibile.

Ho cominciato a interessarmi agli insetti leggendo le pagine di Darwin, che hanno cambiato il mio sguardo su quel mondo. Poi sono stati gli scritti di Primo Levi e di Vladimir Nabokov, letti quasi nello stesso periodo, ad attrarre la mia attenzione. Un vecchio libro di Karl von Frisch dedicato al linguaggio delle api, comprato e letto per la prima volta vari decenni fa, ha definitivamente orientato il mio interesse verso questi minuscoli abitatori del Pianeta azzurro. L'etologia è stata una passione per molti nel corso degli anni Settanta e Ottanta; attraverso le ultime opere di Konrad Lorenz ho scoperto un vero continente sepolto sotto i nostri piedi, tra i fili d'erba, e sopra le nostre teste, sugli alberi. L'incontro con il libro sulle formiche di Bert Hölldobler e Edward O. Wilson è stata la molla che mi ha spinto a occuparmi in modo continuativo degli insetti.

Questo piccolo libro non ha alcuna pretesa né scientifica né esaustiva. È piuttosto un'esplorazione iniziale del mondo di alcuni insetti, quelli che mi hanno colpito di più, quelli che, in un modo o nell'altro, hanno una relazione più prossima con l'uomo, non solo perché lo frequentano da vicino, come le pulci o i pidocchi, ma perché costituiscono un oggetto evidente di interesse per la loro vita sociale, come le api e le formiche. Si tratta perciò di una passeggiata, al massimo di una visita guidata, nel mondo degli insetti, condotta con gli strumenti dell'umanista, del letterato, piuttosto che dello scienziato. Osservo, ma poi capisco attraverso lo studio e la riflessione di altri che possiedono mezzi, conoscenze e tecniche ben più raffinate delle mie.

La visita può quindi iniziare, spero che sia proficua e serva a cambiare il nostro sguardo verso il mondo degli insetti, e anche il nostro comportamento. Sarebbe già molto guardare le mosche o le zanzare con occhio diverso da prima. Me lo auguro.

Mondonico, marzo 2016

Formiche

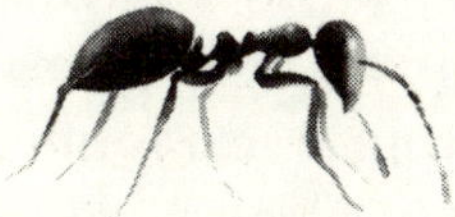

Tre milioni di anni fa, un'astronave aliena con a bordo una missione di scienziati arriva sulla Terra. Sono venuti per saggiare le forme di vita presenti sul Pianeta. Osservano api, termiti e formiche tagliafoglie, tra le specie più evolute del sistema ecologico terrestre. Nel diario di bordo scrivono: «Verosimilmente non accadrà niente di particolare importanza da qui a migliaia di millenni futuri. Gli insetti sono il culmine dell'evoluzione e gli invertebrati domineranno anche nei prossimi cento mega-anni».

Così descrive Edward O. Wilson, studioso di formiche e padre della sociobiologia, l'ipotetica visita degli extraterrestri ben addentro ai rudimenti della teoria darwiniana e tuttavia privi di immaginazione. Wilson vuole dirci che non solo gli insetti, e in particolare le formiche, non si sono evoluti molto nel corso degli ultimi milioni di anni, ma che nessuno poteva prevedere l'arrivo dell'*Homo sapiens*. L'uomo ha devastato la Terra, ma le formiche sono ancora qui.

Basta sedersi in un prato, sotto un albero, vicino a un muretto, e la prima creatura che si paleserà sarà proprio una formica. Il loro numero complessivo è calcolato per difetto intorno a diecimila trilioni; tutte le formiche presenti sulla Terra, sostiene Edward O. Wilson, pesano circa come tutti gli umani messi insieme. Sono senza ombra di dubbio gli insetti dominanti; per molti tratti ci superano e prevedibilmente, come ha scritto una volta Primo Levi, ci saranno ancora quando noi umani saremo già scomparsi. Come hanno fatto a diventare le padrone invisibili del Pianeta azzurro? Per via della loro natura sociale: tutti i singoli componenti del formicaio sono programmati per agire in modo coordinato. Il numero fa la forza, scrivono Bert Hölldobler e Edward O. Wilson in *Formiche* e, almeno in questo, ci somigliano.

La parola magica è «eusocialità», che significa «veramente» sociale. Nel formicaio gli adulti si prendono cura dei giovani; due o tre generazioni convivono nel medesimo nido; i membri sono divisi in una casta «reale» riproduttiva e una «operaia» sterile. Gli insetti sono stati i primi animali a colonizzare le terre emerse, quattrocento milioni di anni fa nel Devoniano; le formiche, le api e le vespe sociali si sono sviluppate nel Cretaceo, circa cento milioni di anni fa, e sono diventate dominanti nel Terziario, cinquanta-sessanta milioni di anni fa. Questi insetti non si sono avventurati nel mondo sensoriale che noi occupiamo quasi totalmente, sono rimasti invece maestri di un'arte più antica, quella fondata sugli odori. Mentre noi abbiamo sviluppato i canali di comunicazione acustica e visiva, le formiche fanno molto poco mediante il suono e quasi nulla con la vista. Comunicano in modo mirabile attraverso secrezioni chimiche trasferite da un individuo all'altro, ovvero con il gusto e l'olfatto: operano attraverso i feromoni e possiedono una adeguata sintassi sensoriale. Probabilmente per questa ragione tra gli insetti sociali e gli uomini non si è stabilita una competizione, ma solo una strana convivenza, o ignoranza reciproca, tra specie altamente sociali.

Nel formicaio, che è prima di tutto un « superorganismo », il sistema gerarchico vede al vertice la formica regina che genera gli abitanti della colonia. Al culmine della stagione riproduttiva nascono i riproduttori, le formiche alate. Dai nidi escono le regine vergini e i maschi, che si allontanano nel volo nuziale; la forma più diffusa è quella del volo, ma ci sono anche regine camminatrici. I maschi sono missili carichi di sperma, ma muoiono nel giro di poche ore o qualche giorno, dopo aver cercato di fecondare le regine, le quali a loro volta devono sottrarsi ai predatori, strapparsi le ali, scavare un buco e deporre le uova da cui nasceranno le operaie, femmine totalmente sterili. Tutto è possibile grazie alla «banca del seme», la spermateca, di cui sono dotate le regine (contiene 320 milioni di cellule seminali), che permette pian piano la produzione di uova fecondate; le operaie nate nel frattempo si prendono cura della Grande Madre, costruendo il nuovo formicaio. Dopo il periodo iniziale, la regina è però in ostaggio delle sue operaie, che la accudiscono e la nutrono, e decidono se farla vivere, oppure ucciderla quando non serve più.

Nel racconto di Wilson, che ha dedicato alle formiche la sua vita di entomologo, le formiche dedite alla guerra, simili a opliti spartani, sono talmente bellicose e aggressive che, se per ipotesi fossero dotate di armi nucleari, probabilmente, dice, distruggerebbero il mondo nel giro di una settimana. Negli affascinanti volumi di questo studioso e del suo omologo tedesco, Bert Hölldobler, vengono descritte particolarità dell'insetto che lasciano a bocca aperta: ha inventato l'agricoltura prima di noi (coltiva funghi), l'allevamento (munge gli afidi), la tessitura (cuce foglie e tesse), l'arte della dispensa (raccoglie semi, oppure diventa un otre di miele), si alterna nei ruoli lavorativi secondo le necessità della comunità, non seppellisce i morti ma li allontana dal formicaio come un necroforo, rimuove la terra più dei lombrichi, sviluppa colonie di milioni e milioni di individui. Esistono anche formiche che si fanno esplodere, come bombe ambulanti, spruzzando secreti tossici sull'avversario: kamikaze.

Quando noi non ci saremo più, cosa ne sarà delle formiche? Tornando, gli extraterrestri le vedranno evolversi fino a diventare grandi come noi? Johnny Hart in una striscia del suo fumetto, *B.C.*, ha risposto all'interrogativo. Due formiche in dialogo: – Che ne pensi dei dinosauri? – Penso che siano stupidi. – Perché, scusa? Sono anche loro un prodotto dell'evoluzione. Si sono tirati su un po' alla volta dal niente come gli altri, no? – Appunto! Fossero stati intelligenti, si sarebbero fermati quando erano formiche!

Api

L'ape è l'insetto più popolare e amato. Produce cera e miele, vola sui prati e sugge i fiori, e così li impollina. Ha il pungiglione, ma se non la si disturba, raramente punge. Diventa invece aggressiva per difendere la colonia, e le api sentinelle usano bene il loro pungiglione. Alacre lavoratrice, è stata scelta nel corso dei secoli da poeti e filosofi quale esempio di virtù. Bernard de Mandeville ne fa con la *Favola delle api* (1705) la metafora dell'incipiente rivoluzione industriale. Ma è stato un austriaco, nato a Vienna alla fine del XIX secolo, a trasformare radicalmente l'idea che abbiamo avuto per secoli di questo insetto. Karl von Frisch, professore di zoologia, cominciò a studiare le api a partire dai primi decenni del Novecento. Allora era già un eminente zoologo, studioso di pesci; un anno dopo la fine della Seconda guerra mondiale rese nota la sua sensazionale scoperta: le api possiedono un linguaggio, comunicano tra loro fornendosi informazioni essenziali sulle sorgenti del cibo e non solo. La cosa lasciò molti perplessi: se un insetto, pur simpatico e positivo, possiede un linguaggio simbolico complesso, cosa dobbiamo pensare del resto del mondo animale intorno a noi?

Un autorevole zoologo inglese, William Thorpe, andò a trovare von Frisch per appurare la veridicità delle sue scoperte, tutte raggiunte ricorrendo a esperimenti semplici ed efficaci. Lo zoologo austriaco spiegò al collega il linguaggio delle api, ovvero la loro danza che disegna una sorta di otto rovesciato sul favo, nel buio dell'alveare. Il tratto rettilineo traduce la direzione del cibo rispetto al Sole e il suo ritmo mediante la distanza dell'obiettivo da raggiungere. Preparato un alveare sperimentale con una parete di vetro, von Frisch nasconde una ciotola di cibo nel bosco. Cronometro e goniometro in mano, Thorpe perplesso prova a decifrare il movimento ritmico delle api. Ottenuta l'informazione, si dirige verso il punto indicato dalla loro danza scodinzolante e trova la ciotola.

Nel 1973, insieme a Konrad Lorenz e Nikolaas Tinbergen, von Frisch riceve il premio

Nobel per la Fisiologia e la Medicina. Lo scienziato ha scritto alcuni libri straordinari in cui descrive molte particolarità delle api. La principale è che questo insetto, vecchio più di settanta milioni di anni, è prima di tutto un animale sociale, e per questo ha sviluppato un linguaggio. Gli insetti solitari, nota Giorgio Celli nella prefazione al più celebre libro di von Frisch, *Il linguaggio delle api*, si scambiano pochi segnali, per lo più legati alla riproduzione. Gli animali sociali, che appartengono a quello che Wilson, sulla scorta di W.M. Wheeler, definisce « superorganismo », sviluppano invece una serie di relazioni e comunicazioni il cui scopo è quello di mantenere nel tempo la loro struttura sociale. La struttura è gerarchica: l'Ape Regina si accoppia una sola volta in tutta la vita, nella sua vescichetta contiene gli spermatozoi con cui produce le femmine dell'alveare, che sono in prevalenza le api operaie, poi i fuchi, maschi atti alla sola riproduzione, nati da uova non fecondate, con un cervello più piccolo della Regina e delle operaie, che vengono poi cacciati dall'alveare e muoiono di fame dopo il volo nuziale. Sono le operaie le vere padrone dell'alveare, dove vige una rigorosa divisione del lavoro. Secondo principi democratici, un'operaia, che inizia la sua carriera quale spazzino, nutrice delle larve e costruttrice di celle, quando produce la cera, poi diventa una bottinatrice, ovvero può cercare il cibo fuori dall'alveare. In un libretto, *Nel mondo delle api*, la cui prima edizione risale al 1927, von Frisch spiega come sia fatto l'occhio delle api, composto da parecchie migliaia di coni visivi, come distinguano solo il giallo, il verde bluastro, il blu e l'ultravioletto, che noi non vediamo neppure, e come differenzino tra loro figure geometriche diverse. Ma è l'olfatto a essere decisivo.

Nel nostro corpo questo senso si trova nelle profondità delle cavità nasali, mentre le api, e gli insetti in genere, non hanno un naso vero e proprio. Le aperture d'ingresso dell'aria non sono posizionate nella testa, ma su tutto il corpo, e tuttavia le api non percepiscono in questo modo gli odori. Sono le antenne a odorare: le fibre nervose che per noi sono nelle cavità del naso, si trovano lì, fendono l'aria contattando le sostanze odorose. Per noi umani non è significativo se odoriamo un oggetto tondo o triangolare, corto o lungo, per le api invece sì. Possono «plasticamente» odorare, così come noi vediamo «plasticamente» gli oggetti e siamo abituati sin dall'infanzia a collegare le impressioni visive alla forma degli oggetti. L'odore di una cella esagonale di cera è per un'ape differente dall'odore di una pallina di cera.

Le bottinatrici, le api che vanno di fiore in fiore, e conducono gran parte della loro vita fuori dall'alveare, confidano nella vista oltre che nell'olfatto, per quanto la loro bussola sia il Sole, sulla base del quale si orientano nello spazio. Possiedono insomma una mappa e un orologio mentale. Con una serie di esperimenti, tra cui uno compiuto imbarcando un alveare su una nave in viaggio da Amburgo a New York, von Frisch ha dimostrato che questo insetto possiede la percezione del tempo, arrivando a procurarsi un'ora di riposo al giorno al fine di risparmiare le forze per il lavoro. Nel corso dei secoli l'uomo ha addomesticato le api, se così si può dire; ne ha fatto delle sue fedeli compagne. L'apicultura è remotissima; c'era già nell'epoca preistorica. Oggi è molto diffusa e i prodotti dell'alveare sono assai ricercati nell'alimentazione ecologica attuale. L'ape è l'eccellente simbolo positivo nutrizionale, così come nella mia infanzia lo era della probità del risparmio. I tempi cambiano, ma le api restano.

Vespe

Sono arrivate le vespe. Ronzano intorno all'anguria e al panino al prosciutto, volano vicino alla finestra della cantina, insidiano le stanze più esposte della casa, ci seguono in giardino e al campo giochi, si posano sulla borsa colorata o mentre siamo stesi sulla sabbia, si agitano furiose sui vetri. Le vespe sono particolarmente temute per via del loro pungiglione, e rispetto alle api non hanno alcuna scusante: non sono utili all'uomo. Non producono né miele né cera; i loro nidi hanno le forme più varie: a fiasco, filiformi, piatti; sono di carta o di fango, con le celle aperte oppure protette da un involucro; pendono invece dalle rientranze delle finestre, sorgono sui cornicioni o dentro i tronchi cavi degli alberi. Ma davvero sono così superflue? Non sarà piuttosto che ne sappiamo ancora troppo poco di loro, delle attività che svolgono alacremente e della loro antichissima storia evolutiva?

Non sono tante le vespe nella letteratura, certo meno delle api. Pelle, il ragazzino che fa parte della famiglia Melkerson, protagonista di *Vacanze all'isola dei gabbiani* di Astrid Lindgren, la mitica autrice di *Pippi Calzelunghe*, nutre delle vespe, che calano come un flagello sul padre e sugli altri membri della famiglia. In un suo racconto, *Pieno impiego*, Primo Levi ha invece immaginato un perspicace tecnico in pensione, Simpson, che istruisce api, formiche, e altri animali sociali, tra cui le vespe, a compiere lavori nel proprio giardino in cambio di cibo. Simpson utilizza le scoperte dell'etologia e della biologia riguardo i codici di comunicazione degli insetti. Si tratta di un paradosso, che probabilmente vuole irridere l'uso eccessivamente utilitaristico delle scoperte e conoscenze scientifiche; ma forse, come altre incredibili previsioni di Levi, anticipa solo di qualche decennio il nostro futuro.

Uno zoologo, Stefano Turillazzi, professore di entomologia all'università di Firenze, che studia le vespe da vari decenni, in Italia come nel Sud-est asiatico, sostiene che questi insetti « hanno superato la dimensione del singolo per approdare alla formazione di società complesse nelle quali i problemi dell'individuo si fondono con quelli della comunità e da essa vengono risolti». Meno conosciute degli altri insetti sociali, api, formiche, termiti, superorganismi studiati da Edward O. Wilson, le vespe hanno superato con successo il selettivo processo evolutivo, espandendosi in ogni luogo del mondo con una varietà che lascia stupefatti. Nella lingua italiana vengono indicati con il nome di «vespe» tutti gli insetti volanti dotati di una livrea gialla e strisce scure. Dal punto di vista scientifico appartengono all'ordine degli Imenotteri, al sottordine degli Aculeati e alla famiglia dei Vespidi. Per intenderci, quello degli Imenotteri è uno degli ordini animali più estesi, con centomila specie. Tra gli Aculeati ci sono le api e le formiche; tuttavia il grado di parentela delle vespe con le api non è così stretto; è lo stesso che c'è tra l'uomo e il gatto. Traiettorie evolutive diverse hanno disegnato la loro storia naturale. La vera conquista degli Imenotteri è la socialità inventata indipendentemente, dicono gli entomologi, almeno undici volte.

Gli insetti sociali hanno costituito un'efficace organizzazione, che ha una base genetica: esiste un grado di parentela maggiore tra sorelle che non con i propri figli. Da qui discenderebbero comportamenti altruistici orientati ad accudire le sorelle delle operaie sterili. La socialità degli insetti, che si traduce nell'architettura complessa del formicaio, nell'alveare delle api e nei nidi delle vespe, può essere letta come anticipazione di ogni futura evoluzione sociale? Il fascino che hanno ai nostri occhi gli insetti sociali dipende proprio da questo: ci rispecchiamo in loro.

Le vespe cartonaie italiane appartengono al genere *Polistes* che comprende 206 specie, diffuse ovunque, in aree temperate e tropicali. *Polistes dominula*, la specie studiata dal fondatore dell'etologia in Italia, Leo Pardi, costruisce nidi privi di involucro che non superano mai le seicento-settecento cellette, compatti condomini urbani, e sceglie quasi sempre spazi chiusi e ben esposti alla luce solare: le tegole dei tetti, le lamiere delle baracche, gli spioventi dei pollai, le auto abbandonate, le serre, le cassette della posta, i contenitori dei contatori del gas o dell'acqua. Il loro ciclo stagionale inizia a primavera, ma è con l'estate che raggiunge il culmine. Le colonie delle vespe, spiega Turillazzi, sono composte da adulti e da individui che non sono ancora tali: le *larve* e le *pupe*. La morfologia del mondo delle vespe è affascinante; probabilmente presenta la stessa stranezza che avremmo noi umani all'occhio entomologico di un ipotetico marziano. Le larve crescono dentro il loro loculo costituito da una celletta; compiono piccoli movimenti che consistono nell'aprire e chiudere le mandibole. Attraversano cinque stadi successivi, fino a che non avviene il cambiamento morfologico più rilevante, simile a quello che segna il passaggio da larva in farfalla, sebbene la trasformazione nelle vespe non sia così eclatante e non approdi a una forma così seducente. Tuttavia anche le detestate e vilipese vespe – api di serie B, dice qualcuno – hanno un loro fascino; è quello che nasce dalla forma guerriera e militare del loro corpicino. Non è un caso che nel trasformarsi da pupa in insetto adulto, la vespa lasci la vecchia armatura, dotata di grande elasticità, per assumere una forma più rigida e indurita, mediante un processo chimico che si chiama *tannizzazione*. Una vera e propria maledizione che accompagna tanti insetti: l'aumento di dimensioni del corpo richiede una trasformazione nell'esoscheletro, che nell'adulto non cresce. A questo cambio di consistenza e dimensione corrisponde un mutamento di alimentazione: il bruco mangia foglie, mentre la farfalla si nutre di nettare; la larva di vespa divora la carne, mentre l'adulto preferisce le sostanze zuccherine.

Affascinante la morfologia dell'adulto e la sua anatomia; la « testa » delle vespe assomiglia a una sorta di elmo aerodinamico, sottolineato in mille disegni e cartoni animati, mentre le ali le trasformano in un veicolo aereo molto efficiente. Sono stati gli insetti a inventare le ali, poi riviste, alcuni milioni di anni più tardi, dai rettili, da cui discendono gli uccelli attuali. Se anche gli insetti avessero voluto brevettarle, sarebbe servito a poco, dal momento che le altre specie animali non possono imitarli. Mentre negli uccelli l'ala deriva da un arto anteriore trasformato, quelle degli insetti provengono da espansioni dell'esoscheletro toracico. Si presentano come lamine molto sottili, rigide, che vengono azionate alla stregua di leve dai movimenti della scatola toracica. Non ci sono muscoli sulle ali, e funzionano piuttosto come pale di un elicottero. Sono le ali ad avere permesso la grande diffusione nel globo delle varie specie di vespe.

La livrea gialla e nera è l'emblema della vespa. Perché sono colorate in modo così eclatante? Per essere visibili. Gli uccelli, e alcuni mammiferi che si nutrono d'insetti, stanno ben attenti a non attaccare le vespe e i loro nidi. Il sistema risulta così efficace che esistono insetti innocui – alcune specie di mosche, farfalle, coleotteri – che imitano la livrea delle vespe per sfuggire ai loro predatori.

Una delle questioni più interessanti riguarda lo sviluppo del comportamento sociale delle vespe. Perché vivere insieme nel nido? Perché certi individui accettano il ruolo di operai e altri invece di riproduttori della prole? Perché ci sono vespe dominanti e vespe dominate? Sono tutte domande che rispecchiano i nostri interessi, le nostre paure e anche le nostre attese; ci riflettiamo nella società degli insetti, intuiamo qualcosa d'identico, o almeno simile, ma vogliamo anche marcare la nostra differenza da loro. Negli insetti la principale divisione del lavoro, e dunque societaria, è decisa dal sistema riproduttivo. In un ruolo dominante le femmine che riproducono, nel ruolo subalterno quelle che lavorano all'allevamento della prole, mentre i maschi hanno solamente il compito di fecondare. Sarà il nostro destino? Forse con l'inseminazione artificiale tutto cambierà; del resto, noi umani abbiamo già provveduto a separare sesso e riproduzione, come tanti altri animali, per altro.

Negli Imenotteri i maschi si sviluppano da uova non fecondate e le femmine da uova invece fecondate. Questo cambia il grado di parentela e orienta le femmine verso l'altruismo. I maschi della vespa cartonaia abbandonano la colonia per esibirsi nel corso di un mese o anche più nelle aree nuziali che possono essere un grande albero o un palo della luce, dove si aggregano in centinaia e difendono micro territori simbolici, come ad esempio un ramo, in attesa delle femmine. Questo sistema nuziale ha nome *Lek* – osserva Laura Beani, etologa della scuola fiorentina di Leo Pardi –, un termine che deriva dal linguaggio venatorio svedese e che significa gioco, un gioco molto serio. È tuttavia attraverso la competizione per la conquista e la fecondazione delle femmine che i maschi, marginali nella vita della colonia, determinano la variazione genetica del gruppo. È la qualità del maschio a contribuire al successo riproduttivo della colonia e quindi alla selezione della specie.

Un capitolo affascinante è quello della comunicazione. Le vespe distinguono i colori, ma soprattutto comunicano attraverso segnali chimici, i feromoni, con cui indicano le adunate, l'allarme, il nuovo sito in cui nidificare, la fonte del cibo, le divisioni di casta e il riconoscimento dei compagni di nido. Ci sono sul loro corpo tante ghiandole diverse: le vespe sono una fabbrica volante di odori. Quella del veleno è una ghiandola complessa munita di serbatoio; un tempo serviva per paralizzare la preda, oggi è un sistema difensivo individuale. Non si muore per la puntura di una vespa, se non sei allergico al suo veleno. Un entomologo inglese parla di un uomo sopravvissuto a 2243 punture e di un bambino in stato di lieve shock dopo 477 punture. Le vespe pungono per provocare dolore, non per uccidere. Le parti del corpo umano maggiormente colpite sono quelle che si muovono di più: mani, viso, braccia. Il consiglio è stare fermi; e se proprio si vuole colpire la vespa, occorre farlo con un colpo deciso.

Lo zoologo Leo Pardi, che ha iniziato lo studio delle vespe cartonaie negli anni Quaranta del XX secolo, e che ha descritto la gerarchia di dominazione negli invertebrati proprio osservando i nidi di *Polistes dominula*, si è chiesto: ma sono davvero così poco utili? In verità, si risponde, noi non abbiamo esplorato ancora a fondo il loro universo e non conosciamo bene molte delle attività che compiono, cosa del resto vera per gran parte del mondo animale che si trova al di sotto della dimensione di uno o due centimetri. Da poco si è scoperto che i lieviti per la fermentazione dell'uva sono trasportati dagli insetti, e proprio le vespe svolgono un ruolo chiave poiché i lieviti si conservano e si accoppiano nel loro intestino: senza vespe, niente vino. In attesa dell'arrivo di un intraprendente Mister Simpson, che magari si metta a produrre lieviti in modo industriale grazie alle vespe, bisognerà riflettere sul fatto che, per quanto ci atteggiamo a padroni del Pianeta, siamo molto ignoranti riguardo agli insetti volanti che lo abitano da milioni di anni prima di noi.

Termiti

Nel 1926 Maurice Maeterlinck, il più importante poeta simbolista belga, autore di *Pélleas et Mélisande*, opera musicata da Debussy, dà alle stampe un libro dedicato alle termiti. Non è la prima volta che si occupa d'insetti. Nel 1901 ha scritto un libro sulle api, *La vita delle api*; vi ha descritto la logica dell'alveare innalzando un inno agli « esseri della città della folla » che scompaiono in quanto individui per creare « la città astratta dell'avvenire ». Trascorrono venticinque anni. Nel frattempo è scoppiata la Grande guerra, la carneficina che ha scosso dalle fondamenta il suo mondo, poi la Rivoluzione russa e quindi l'ascesa dei fascismi. La visione di Maeterlinck non è più ottimista come quando descriveva il mondo delle sue api. Il poeta non conosce direttamente le termiti, le ha studiate attraverso un'ampia bibliografia che comprende anche le ricerche di uno studioso italiano, Filippo Silvestri, specialista delle termiti sudamericane.

Il libro che ne esce è pessimista. Si tratta della discesa all'inferno stercorario e anale, un viaggio nel medesimo universo immaginato da un altro scrittore, August Strindberg, scrive nella prefazione all'edizione italiana del libro del poeta belga l'entomologo Giorgio Celli. Il termitaio vi appare come un luogo ctonio, «cripta, grotta, ventre di balena, emanazione di complessi profondi e inattingibili». La cupa visione di Maeterlinck, che quattro anni dopo pubblica il terzo capitolo della sua entomologia, *La vita delle formiche*, non è poi lontana dal vero. Le termiti rappresentano qualcosa di molto diverso dagli altri due insetti sociali di cui si occupa.

Nel suo ampio studio dedicato agli insetti sociali, *Le società degli insetti*, Edward O. Wilson scrive che «le termiti si possono definire scarafaggi sociali». Gastone Pettenati, entomologo italiano, nella prefazione all'altro libro divulgativo che si occupa di termiti, *L'anima della formica bianca*, pubblicato nel 1921 dal sudafricano Eugène N. Marais, sostiene che l'ordine degli Isotteri o Termiti, che nel 1955 comprendeva 168 generi, suddivisi in molte centinaia di specie, è uno dei più primitivi dell'intera classe degli

Insetti; e che ha realizzato la propria vita in comune partendo « da un luogo evoluzionistico prossimo a quello delle comunemente poco simpatiche e ammirate Blatte ».

Le termiti sono antichissime. Nel 1967 fu scoperta una termite fossile del Cretaceo, risalente a 145 milioni di anni fa; ma poi sono state trovate termiti fossili anche di 250 milioni di anni fa. Qui da noi in Italia sono state individuate tre specie, ma forse ne arriveranno a breve altre, dati i cambiamenti climatici. Se così fosse, sarà un disastro perché, come si sa, riducono in polvere in breve tempo edifici di legno, ma possono rosicchiare anche la calcina di cui sono composti gli edifici. Forse addirittura il cemento. Di certo sono state osservate operaie che attaccano ponti, cereali, lana, avorio, verdure, carta, fieno, cuoio, zucchero, gomma, farina, sale insaccato, escrementi umani e animali, palle da biliardo e rivestimenti plastici di cavi elettrici. Una lista strabiliante, stando a quanto si legge. La barriera del freddo ha sin qui protetto l'Europa, tuttavia le termiti si stanno diffondendo velocemente.

Per nostra fortuna sono insetti poco plastici; ma poiché nessun animale resta immutabile nell'arco di milioni di anni, certo arriverà in molte regioni del Vecchio Continente, dopo aver colonizzato Africa, Asia, Oceania e anche Sudamerica. Ma allora noi umani potremmo non esserci più, estinti o trasmigrati altrove, su qualche satellite o lontano Pianeta, fuori dal nostro stesso sistema stellare. Fantascienza? Forse, ma chi si avventura a leggere della vita delle termiti si accorge che tutto è possibile nell'arco di milioni e milioni di anni.

Il mondo sotterraneo delle termiti, costruttrici di edifici cementificati, che si ergono nelle savane e nelle zone desertiche di vari continenti, è strutturato in caste; la casta delle operaie, che il poeta belga paragonava all'universo « comunistico », è composta sia di femmine che di maschi; non esistono, scrive Wilson, gerarchie di dominanza tra i membri della stessa colonia; la determinazione di appartenenza si basa principalmente su feromoni, la comunicazione chimica che orienta sessualmente le termiti, e non solo loro. La cosa che rende fecale questo insetto agli occhi dei suoi descrittori è lo scambio alimentare: avviene per via anale. Il maschio riproduttore primario, detto « re », resta con la regina dopo il volo nuziale e l'aiuta a costruire il primo nido, poi la feconda con un ritmo intermittente seguendo le linee di sviluppo della colonia. La copula, se così possiamo chiamarla, non si verifica durante il volo nuziale, ma dopo, nella camera nuziale. La loro sessualità è quanto meno curiosa. L'entomologo italiano Filippo Silvestri ha appurato che la copula tra la regina e il re avviene senza la penetrazione tipica di noi mammiferi: lui si limita a spargere il seme sulle uova in uscita dall'ovidutto di lei.

La chiave biologica per capire le termiti, ammesso che noi umani ci riusciamo, è la dieta a base di cellulosa, che dopo i minerali è la sostanza più diffusa sulla Terra; tuttavia, come la maggior parte degli animali, le termiti non possono digerire la cellulosa; per questo usano la fauna intestinale che li abita; in termini di peso tale fauna, che digerisce per la termite la cellulosa ingerita, è circa la metà dell'intero insetto. Si tratta di protozoi flagellati di vario tipo, che riempiono i visceri dell'insetto. Tra le varie termiti ve ne sono poi alcune che demoliscono la cellulosa grazie ai batteri, altre di dimensioni più grandi, appartenenti a una civiltà più avanzata, che affidano la digestione della cellulosa a spore, e perciò costruiscono delle ampie fungaie dove le coltivano con metodo. Forse, ipotizzano gli entomologi, all'origine della loro socialità è proprio il modo di nutrirsi, la condivisione di microrganismi simbionti, che digeriscono la cellulosa. La parentela tra i membri della colonia non è elevata, come tra gli imenotteri sociali, dove la regola è «aiuta tua sorella». Qui la pressione selettiva verso la vita in società è lo stile di vita, l'alimentazione e il micro habitat fortezza del termitaio.

Un aspetto che colpisce in questo insetto sociale è il polimorfismo sessuale, che contempla la castrazione volontaria a seconda delle necessità della comunità e una gran varierà di caste e sottocaste. L'escremento è la materia prima delle colonie, edifici immensi e articolati; le loro gallerie sono verniciate con materiale di origine stercoraria. Maeterlinck è colpito dalla «natura comunistica» del termitaio, lo ripete in varie pagine del suo libro; sottolinea come non vi sia creatura più diseredata della regina termite: non ha armi difensive o offensive, l'addome cresce a dismisura, è inerme e schiacciata sotto il suo stesso peso, prigioniera nella camera nuziale. Nel termitaio ci sono i guerrieri, terribili combattenti, maschi e femmine. Hanno il capo così sviluppato da bloccare le vie d'ingresso aperte dalle formiche predatrici, e mandibole così grandi che non servono più per nutrirsi, ma per tagliare in due gli intrusi. In certe specie i soldati hanno invece mandibole ridotte, ma una ghiandola frontale che secerne un liquido appiccicoso, che sparano sui loro nemici: le formiche. Sembra che oltre ai segnali chimici, olfattivi, le termiti emettano un suono, come i loro antichi antenati, le blatte: una «specie di canto di guerra o inno della collera». Per quanto cieche, le termiti avrebbero un udito finissimo.

Perché studiare le termiti, come le api e le formiche? A cosa ci serve? A parte la naturale curiosità che abita in ogni essere umano – siamo stati tutti degli entomologi dilettanti da piccoli o in età adolescenziale – c'è forse un'altra ragione che Maeterlinck riassume così alla fine del libro: « La loro sorte ci dà una anticipata immagine della nostra, e questa sorte nonostante milioni d'anni, nonostante virtù, sacrifici, eroismi, che tra di noi sarebbero definiti ammirevoli, è forse migliorata? Certo, si è un po' rafforzata e protetta contro certi pericoli: ma è più felice? E vale il misero compenso, l'immensa pena? In ogni caso rimane sempre alla mercé del minimo capriccio dei climi ».

L'ossessione della felicità è senza dubbio una prerogativa umana. Che si sappia, le termiti, e gli altri insetti sociali, non l'hanno. E allora? Bisognerà chiamare in causa Freud e la sua teoria della repressione-socializzazione, si chiede Celli nell'introduzione al libro del poeta belga. Lo scambio è tra libertà individuale e protezione offerta dal gruppo? Tra sacrificio di sé e superorganismo, come lo chiama Wilson? Questo sacrificio nell'uomo si chiama Legge, nell'insetto « cieca interazione automatica ». Le termiti sono il sogno futuro dell'umanità? Ne dubito, ma non ho nessuna certezza per affermare il contrario.

Farfalle

Nel 1945 Vladimir Nabokov, trasferito in America, dove si occupa di Lepidotteri a Harvard nel Dipartimento di entomologia del Museo di zoologia comparata, scrive alla sorella Elena. Da due anni si sta occupando della classificazione dei Licenidi, una delle famiglie in cui si suddividono le farfalle, per riorganizzare le collezioni lì depositate; studia la struttura dei loro genitali: « minuscoli, scultorei gancetti, dentini, speroncini visibili soltanto al microscopio », qualcosa che non è mai stato osservato in dettaglio. Li disegna e trova il lavoro inebriante, per quanto stare ore e ore al microscopio, scrive, gli sta rovinando la vista.

Il nome dell'autore di *Lolita*, e di altri meravigliosi romanzi, è strettamente legato alle farfalle, che ha cominciato a catturare da ragazzo, su cui ha scritto vari articoli, e a cui ha dato anche il proprio nome. Le farfalle sono gli insetti più belli e affascinanti che esistono sulla faccia del Pianeta. Se ne contano 165.000 specie, divise comunemente in falene e farfalle, notturne e diurne: le seconde derivano dalle prime, ma la distinzione tra loro non è di tipo scientifico; costituiscono un sesto di tutti gli insetti conosciuti; diffuse ovunque, dai Tropici alle tundre dell'Artico.

Il loro nome scientifico è Lepidotteri, dal greco *lepis*, scaglia, e *pteros*, ali. Sono le ali a catturare il nostro sguardo, i colori meravigliosi, oltre all'incanto del volo aggraziato. Bellissime ed estremamente fragili, in genere vivono pochissimo, a volte poche ore o pochi giorni, anche se esistono specie longeve che si nutrono di frutta e polline e sfiorano l'anno di vita. Primo Levi, altro scrittore appassionato d'insetti, visitando nel 1981 una mostra a Torino, si è chiesto: perché sono belle le farfalle? Non certo per il piacere dell'uomo, si è risposto, cosa che asserivano gli avversari di Darwin: sono comparse almeno cento milioni di anni prima di noi umani. La bellezza è un concetto relativo e culturale, e Levi ritiene che si sia modellato nel corso dei secoli prendendo a oggetto le farfalle, così com'è accaduto per le stelle, il mare e le montagne.

In effetti, il capo dei Lepidotteri visto da vicino con il microscopio appare orrendo: occhi enormi, senza pupille, antenne simili a corna, apparato boccale mostruoso, una sorta di maschera diabolica, aggiunge Levi, una parodia distorta del volto umano. Il vero miracolo delle farfalle è nella simmetria, nelle ali. La simmetria è il risultato di uno sviluppo non perturbato. Il colore delle ali è un effetto chimico e fisico. Deriva da pigmenti, come la melanina, e dalla luce riflessa dalle minuscole strutture lamellari che compongono le scaglie. Una miriade di superfici disposte come le tegole di un tetto, che rifrangono e deviano la luce, come scrive il fotografo svizzero Thomas Marent, che le ha ritratte per anni, raccogliendo le immagini in un volume, *Farfalle*. Il gioco delle superfici ostacola, o favorisce, determinate lunghezze d'onda, che generano colori intensi, oppure iridescenti: come bolle di sapone, cambiano colore a seconda del punto di vista di chi le osserva.

L'altra grande fonte di sorpresa e attrazione, e forse anche repulsione, per noi umani è la metamorfosi cui va soggetta. Prima di morire la farfalla depone l'uovo. Osservando le fotografie di Marent si è colpiti dalla sua incredibile forma e colore: un « oggetto » diverso da specie a specie. I bruchi nascono dopo i mesi freddi, a primavera, prima neri poi verdi, e anche con tanti colori, cambiano veste a ogni muta; sono orribili e insieme stupendi, l'opposto della farfalla che ne scaturirà. Per trasformarsi il bruco si racchiude dentro un involucro di seta, il bozzolo. Qui avviene la metamorfosi: gruppi di cellule larvali vengono distrutti, altri si riorganizzano e cominciano a dar forma alla futura farfalla. Nel momento in cui emerge dalla crisalide, la falena o farfalla in tante specie avvia immediatamente la riproduzione.

Due nascite e due morti, e un insetto dai colori cangianti che vola leggero nell'aria. Ce n'è abbastanza per farne un simbolo e creare racconti mitologici. Levi scrive: «Negli strati profondi della nostra coscienza la farfalla dal volo inquieto è animula, fata, talvolta anche strega».

Dal tempo lungo dello stato di pupa – dura da una settimana a un anno –, a quello brevissimo della farfalla. Vive poco perché in genere si nutre di sostanze zuccherine e il suo corpo non è in grado di produrre le nuove cellule necessarie per la crescita o per la rigenerazione dell'organismo; invecchia a vista d'occhio. Per accoppiarsi le farfalle svolgono veri e propri rituali di corteggiamento, con inchini e voli acrobatici. Poi si uniscono facendo coincidere le estremità dei loro addomi. Il maschio inserisce il suo pene dalle strane forme, osservate da Nabokov, all'interno della femmina: « rigirando il proprio apparato dall'interno verso l'esterno proprio come un calzino », scrive Marent, che le ha fotografate mentre copulano. Nello sperma, inoculato nella femmina attraverso la spermatofora, sono presenti sali minerali e nutrienti che aiutano la produzione delle uova. Il maschio può perdere parte del suo peso in questa operazione. Come in altri insetti, ci sono maschi che si accoppiano una sola volta e femmine che si accoppiano con più partner, mantenendo solo lo sperma dell'ultimo contatto. È il gioco dinamico della competizione spermatica. I maschi reagiscono in alcuni casi spargendo un odore disgustoso mentre copulano per allontanare i concorrenti; i maschi delle *Parnassius*, poi, hanno l'abitudine di sigillare l'apparato femminile con un grosso tappo. La lotta per la sopravvivenza dei propri geni è senza fine.

Elencando tutte le prerogative dei Lepidotteri, Levi scrive che un eventuale zoologo esperto di uccelli e mammiferi, ma ignaro degli insetti, potrebbe concludere che le farfalle siano un competitore terribile per l'uomo e a lungo andare potrebbero sgominarlo. Non è così. Tuttavia, come molti altri insetti, con ogni probabilità ci sopravvivranno. Ma se non ci saremo più noi, chi si meraviglierà e gioirà delle loro ali fantastiche? Le altre farfalle? Possibile.

Coleotteri

Durante l'infanzia Ernst Jünger riceve in regalo dal padre – siamo nei primi anni del Novecento – l'attrezzatura per dedicarsi alla caccia degli insetti. Insieme al fratello maggiore, Friedrich Georg, diventa in breve tempo un entomologo dilettante. La passione dei due ragazzi è così prepotente che cominciano a trascorrere le loro mattinate in mezzo ai campi e lungo i corsi d'acqua, marinando la scuola; così si trasformano ben presto in provetti cacciatori di minuscole creature. Ernst si dedica a un tipo d'insetto che lo attira in modo prepotente: il coleottero. Tra le 350.000 specie conosciute dell'ordine Coleoptera, il futuro combattente, scrittore e filosofo conservatore, se non proprio reazionario, è conquistato dalla Cicindela. Un genere ricchissimo di specie e di varianti nel colore delle elitre, un gioco chimico-fisico intenso e iridescente.

Nei dintorni della casa di Rehburg, nei pressi di una boscaglia, un giorno vede un bellissimo esemplare di maschio dal verde intenso che se ne sta immobile sulla corteccia bruna di un pino. Una vera folgorazione. La storia della sua attività di entomologo dilettante è raccontata in un libro, *Cacce sottili*, pubblicato nel 1967 quando ha superato gli ottant'anni e condotto le sue cacce in mezzo mondo, dall'Europa all'Africa e all'Asia, per oltre settant'anni. Perché proprio quel coleottero? Per il suo colore? O perché ferocemente carnivoro? Anche la sua larva è solita scavare una piccola galleria verticale, una trappola, dove sta in attesa delle sue prede. Non c'è dubbio che la Cicindela è un coleottero davvero bello. O almeno così la vede Jünger. I *Cicindelidae* sono un gruppo di Coleotteri Carabidi costituito da almeno duemila specie conosciute; di queste, ricordano gli entomologi, circa trecento costituiscono il genere Cincidela, secondo l'interpretazione filogenetica più recente.

Questo vasto ordine d'insetti ha attirato l'attenzione degli scrittori, oltre che degli artisti e degli illustratori. Secondo Primo Levi, appassionato anche lui dei *Beetles*, nome inglese di questo ordine, uno dei più bei versi composti nella lingua italiana sarebbe quello di Guido Gozzano: « Disperate cetonie capovolte ». Si tratta della Cetonia aurata, *Phyllopertha horticola*. La *Polyphylla fullo* dello stesso genere raggiunge poi i 4 centimetri di lunghezza e ha le elitre di un bel colore verde metallico. Le elitre sono una delle prerogative di questo insetto che è uno dei più diffusi, cosmopolita. Levi, che ne scriveva negli anni Ottanta del XX secolo, riteneva che nelle aree geografiche non ancora esplorate del Pianeta potessero esserci un milione e mezzo di specie di coleotteri ancora da conoscere e classificare. Noi mammiferi, invece, « col nostro orgoglio di coronamento della creazione », non contiamo più di cinquemila specie, e difficilmente se ne scopriranno in futuro qualche decina di nuove.

Nel suo articolo « Gli scarabei » l'autore di *Se questo è un uomo* sostiene con un sottile umorismo che l'invenzione, non poi così innovativa, dei coleotteri, è consistita « soltanto » nell'aver mutato destinazione al paio di ali anteriori. Da ali sono diventate elitre, strumento di protezione inspessitosi nel corso di milioni d'anni a difesa delle ali posteriori, « membranose e delicate ». Non servono per fuggire, ma come sistema di trasporto a cui l'insetto ricorre solo per grandi spostamenti: « un po' come uno di noi che, per prendere un aereo, si adatta ad acquistare il biglietto, a fare il check-in, e a sottoporsi a una lunga attesa in aeroporto». Così la coccinella, che è un coleottero, «socchiude le elitre, armeggia per districare le ali, infine le distende, solleva le elitre obliquamente, ed inizia il suo volo, non agile né veloce. Pare che se ne debba concludere che per una buona corazzatura si può pagare un prezzo alto». Una bellissima e attentissima descrizione del loro volo.

Sono le elitre che permettono ad alcuni coleotteri di vivere anche sott'acqua, poiché lo spazio tra le elitre e il corpo viene riempito d'aria, funziona come riserva. Sempre Levi sottolinea che la somiglianza tra uno scarabeo che avanza scartando i fili d'erba e un carro armato è davvero molto forte, così da far pensare che un insetto sia un piccolo panzer e un panzer un grosso insetto. Per questo a Jünger piacevano così tanto i coleotteri?

Questi insetti, pur nei limiti imposti dalle caratteristiche del loro apparato boccale masticatore – un elemento fondamentale come spiega von Frisch nella selezione naturale di tutti gli esseri viventi, compreso l'uomo –, hanno colonizzato tutti gli ambienti disponibili, persino il mare. Sono fitofagi, coprofagi, predatori e parassiti delle piante. Sono pochissime le sostanze organiche che non sono mangiate da loro. Danneggiano le culture, e non solo, dato che anche i tarli sono dei coleotteri e fanno, come sanno bene i possessori di vecchi mobili e case con travature di legno, danni incredibili. In Italia ci sono diecimila specie, scrive Michael Chinery, autore della *Guida degli insetti d'Europa*, entomologo inglese. Nella sua disamina dettagliata delle varie famiglie, colpisce quella dei *Silphidae*, coleotteri necrofagi che sotterrano piccoli cadaveri; di colore scuro con disegni arancioni, in alcune specie, sono dotati di eccellente olfatto e sono attratti dalle carogne. Chi arriva prima sul cadavere scaccia gli altri; al massimo accetta un coleottero dell'altro sesso: prima si accoppiano, poi cominciano a interrare la carogna, sia un uccello, un topo o una talpa; scavano con la mandibola e le loro tibie spinose. Sono così potenti le loro tenaglie che recidono anche le radici delle piante, e spesso amputano le membra dei cadaveri per poterli meglio manipolare. Si sono visti alcuni esemplari trascinare gli animali morti dal luogo dove si trovano a un altro che possiede un terreno più facile da scavare. Nel loro rituale spelano il corpo morto, lo trascinano nello stretto cunicolo che hanno scavato e lo interrano; quindi la femmina apre una galleria fino alla camera di sepoltura dove depone le uova. Sarà lei a nutrire le larve una volta uscite, con o senza il maschio presente, attraverso il cibo rigurgitato, prima che le larve si nutrano da sole del cadavere.

Con un'acuta espressione Levi parla a proposito dei coleotteri di *fondness* dell'Eterno, che nei loro confronti ha scatenato tutta la propria fantasia. Anche le lucciole, per dire di un altro gruppo di specie, sono dei coleotteri: famiglia Lampyridae, «ventre luminoso». E poi ci sono gli scarabei stercorari che usano le tibie anteriori simili a rastrelli per raccogliere, ad esempio, lo sterco di mucca; lo lavorano sino a formare una palla e la fanno rotolare con le zampe posteriori fino a che non trovano un luogo adatto per interrare l'escremento arrotondato. Animali araldici, nella definizione dello scrittore torinese, che ne analizza la morfologia, oltre che il funzionamento, i coleotteri sono un capolavoro d'ingegneria naturale. C'è da sbizzarrirsi, seguendo il manuale entomologico di Chinery, a inseguire in prati e boschi questo insetto così curioso, strano ed efficiente, che attrae, ma anche respinge. Capita d'incrociare un gigante, un Cervo famiglia dei Lucanidae, che deve il suo nome alle grandi mandibole del maschio che lo fanno somigliare appunto a un cervo: arriva fino a otto centimetri di lunghezza. Il biologo americano Douglas J. Emlen, che ha studiato le armi di cui sono forniti gli animali, fa notare come nei maschi dei cervi volanti quelli con le mandibole più grosse hanno le ali più piccole: tutto si compensa.

Alla fine di *Cacce sottili* Ernst Jünger ricorda come gli antichi sapessero bene che il cacciatore finisce per somigliare alla sua preda. Cosa c'è in lui, che si è dedicato una vita e mezzo alla caccia di questi insetti? La corazza, la passione predatoria, oppure la bellezza strana che tanto colpiva anche Gozzano? L'autore di *Nelle tempeste di acciaio* e di *L'operaio*, lui che è stato acquattato nelle trincee della Prima guerra mondiale, pensa che sia «l'essere sottile». Dopo aver inseguito quelle prede minuscole gli sembra di essere diventato così: «un alito quasi immateriale, come mosso da ali di effemeridi».

A un certo punto del libro lo coglie un pensiero: la pluralità dei mondi. Le Cicindele volano nella bella stagione intorno a noi, ma noi, dice, non conosciamo il loro mondo (così come loro non conoscono il nostro). Non è necessario alzare gli occhi verso il cielo, verso gli altri pianeti o i lontani sistemi solari. Più vicini delle stelle fisse ci sono i coleotteri; essi abitano il nostro stesso mondo, ma nonostante i nostri studi, le nostre classificazioni, a partire da Linneo, ne sappiamo ancora poco. Soprattutto, scrive il pensatore metafisico tedesco, amante della Cicindela, «non sappiamo nulla della loro relazione con l'infinito». Più materialista di lui, l'ebreo Primo Levi, deportato ad Auschwitz dalla razza eletta, conclude che, proprio grazie alla loro capacità di scavare rifugi sotterranei profondi metri, sono i coleotteri gli unici esseri che possono sopravvivere a una catastrofe nucleare. Loro sono i migliori candidati alla nostra successione, scrive. E subito precisa: tutti, tranne i coleotteri stercorari, «per mancanza di materia prima».

Lucciole

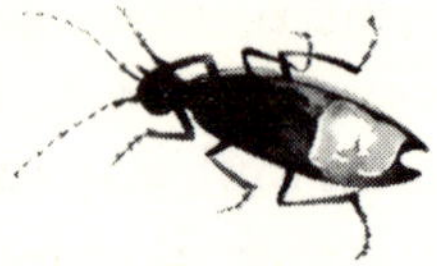

Pasolini avrebbe scambiato l'intera Montedison, la multinazionale chimica ed energetica italiana, per una sola lucciola. Nel 1975, quando il poeta scriveva sulla prima pagina del *Corriere della Sera*, le lucciole sembravano sparite a causa dell'inquinamento. Tre anni dopo in una passeggiata nella campagna siciliana Leonardo Sciascia ne scorge una dentro la crepa di un muro, come racconta nelle prime righe di *L'affaire Moro*. Le lucciole, sensibili ai mutamenti climatici e alla salubrità dell'aria, sono spesso citate da scrittori e poeti. La loro luce, la bioluminescenza, come si dice, affascina tutti, grandi e piccini, personaggi famosi e umili.

Nelle sere d'estate, in mezzo ai prati o lungo i fossati e i corsi d'acqua, volano senza sosta le lucine minuscole che attraggono gli sguardi incantati degli umani. Sono i maschi che emettono senza pausa lampi per segnalare alle femmine la loro presenza. Siamo nella stagione della riproduzione e le femmine attendono al suolo, anche loro con la parte caudale dell'addome acceso o intermittente, a seconda della specie.

Questi insetti, coleotteri, Lampiridi per la precisione (sono 2000 specie nel mondo con 10 differenti generi e 23 in Italia con 5 generi), si ritiene abbiano cominciato a emettere tale luminosità circa duecento milioni di anni fa, per quanto noi abbiamo esempi fossili di lucciole solo di trenta milioni di anni fa. Hanno selezionato questa prerogativa per due motivi: evitare di essere predate da altri insetti o animali, e creare un'attrazione sessuale, fondamentale per la riproduzione. La luce, che varia dal giallo al verde, ha durata e frequenze diverse a seconda delle specie, ed è un potente inibitore per i predatori. L'aspetto riproduttivo è quello decisivo. Funziona così. La femmina della *Lampyris noctiluca*, la più diffusa in Italia, non alata (anche nelle lucciole si ritrova il dimorfismo sessuale), sta a terra, immobile. Ha scelto un luogo dove può essere individuata più facilmente dai potenziali maschi volanti; solleva l'addome ed emette luce continua. Gli occhi dei maschi sono sensibili alla sua lunghezza d'onda, per via di una banda di pigmento giallo al loro interno, spiega Riccardo Groppali. Riescono a individuare la femmina luminescente anche a quindici metri di distanza. Se nessun maschio la raggiunge, la femmina spegne la sua emissione dopo due ore, e ci riprova la sera successiva.

La femmina di *Lampyris lusitanica* attira i maschi rispondendo ai lampi che avvista, così da orientare, come una pista d'atterraggio dell'aeroporto, l'arrivo dei corteggiatori; la traiettoria di discesa segue forme circolari e a spirale. Ogni specie possiede un'emissione luminosa specifica, con diverse frequenze e lunghezze d'onda, una sorta di codice luminoso, e questo per evitare accoppiamenti tra specie diverse: le lucciole non vogliono perder tempo. La copula dura dai venti minuti a un'ora, e le femmine vogliono essere sicure di essere raggiunte dai maschi giusti; i maschi possono accoppiarsi più volte e, se poi non riesce a uno di loro raggiungere la femmina sul terreno, questo assume allora un comportamento femminile, lampeggia in sincronia e risponde con la sua luce ai segnali degli altri maschi in volo, li aiuta a trovare la femmina; si tratta di un favore che poi verrà restituito. Il gruppo dei maschi, dicono gli entomologi, è spesso premiato: c'è competizione tra loro, ma arrivano anche più femmine.

Gli studiosi dardeggiano con le loro pile per

studiarle e, come racconta Danilo Mainardi, hanno scoperto una lucciola, *Photuris*, usare la lingua luminosa di un'altra, *Photinus*; così i maschi atterrano e finiscono divorati dalle femmine predatrici: *femme fatale*. In effetti, questo coleottero è carnivoro. Si ciba principalmente di lumache durante la fase larvale; non ci vede, ma le assale usando dei sensori, i palpi, posti davanti alla bocca: una tecnica da ragno. La cosa rimarchevole è che il ciclo vitale – uovo, larva, pupa, insetto adulto – dura ben due anni, ed è un vero spettacolo di metamorfosi. Tuttavia il vero miracolo è la bioluminescenza.

Nel 1961 due biochimici della Johns Hopkins University hanno svelato il mistero di questa luce fredda (le nostre lampadine sono calde) che ha dei livelli di rendimento vicino al 100% (le nostre lampadine arrivano al 4%). La luce è di origine chimica; deriva dalla ossidazione di una proteina, la luciferina, che si trova negli organi fotogeni della parte ventrale degli insetti. Grazie all'ossigeno la luciferina reagisce e mediante un enzima, la luciferasi, si trasforma in un'altra sostanza generando la luminosità. I due chimici americani riuscirono a sintetizzare la luciferina, ma non la luciferasi, e dimostrarono che i quanti di luce emanati erano esattamente uguali al numero di molecole di luciferina, spiega Vitus B. Dröscher in *Magia dei sensi nel mondo animale*.

Forse capire il funzionamento di questa luce fredda smorza un poco l'incanto delle piccole luci nel buio della notte. Oppure no, perché, prendendo a prestito le parole di Primo Levi, esiste anche il fascino delle spiegazioni, non meno seduttivo dello spettacolo notturno tra i fili d'erba del prato o tra i rami di una siepe. Del resto, come afferma Pin, il ragazzino protagonista del *Sentiero dei nidi di ragno* di Italo Calvino, viste da vicino le lucciole non sono proprio belle, bensì repellenti. Somigliano alle donne, dice, che lo attraggono e lo respingono a un tempo, lui che spia l'accoppiamento dei grandi nel campo partigiano, e ha una sorella che pratica l'attività di prostituta, una lucciola, come si dice ancor oggi. Un altro esempio del nostro inguaribile antropocentrismo: dagli animali al mondo umano, e viceversa.

Coccinelle

Nessun insetto è così amato come la coccinella. È festosa, porta allegria. Figura in tantissimi libri per bambini, cartoni animati, pubblicità. Forse piace per il suo colore rosso (il suo nome viene dal latino *coccinus*, scarlatto, che a sua volta deriva dal greco *kókkos*, che indica il rosso), o forse per la forma emisferica, tondeggiante. O per i suoi punti neri. Un fatto estetico, senza dubbio, ma anche perché in confronto a tanti altri insetti ha una forma che il nostro occhio, e la nostra mente, afferrano facilmente, e trovano gradevole. Si dice che la coccinella porti fortuna, e pertanto non rischia di essere schiacciata come altri fastidiosi insetti, ad esempio il ragno. In realtà la *ladybird beetle*, come si chiama in inglese (è un coleottero della famiglia *Coccinellidae*), ha alcune prerogative che la rendono meno graziosa e inoffensiva di come sembra.

Charles Darwin, il padre dell'evoluzionismo, da giovane è stato un collezionista di coleotteri. Ne è rimasta traccia in una caricatura fatta da un compagno di studi a Cambridge, che lo raffigura a cavallo di un gigantesco scarabeo stercorario armato di un piccolo retino con cui cerca di catturarlo. Nella sua autobiografia Darwin racconta quei giorni felici a caccia d'insetti. Si limitava a spillarli e identificarli, non a studiarli dissezionandoli, come per altri animali. Se lo avesse fatto, avrebbe scoperto una cosa non banale da inserire nella sua opera, *L'origine dell'uomo e la selezione sessuale* (1871), ovvero che il pene dei coleotteri, della coccinella in particolare, non ha solo qualità funzionali, ma anche ornamentali.

Il biologo olandese Menno Schilthuizen ha spiegato in un libro curioso, dedicato all'evoluzione e agli organi sessuali, che la forma del pene delle coccinelle è il risultato della selezione sessuale. Darwin, forse per via della cautela vittoriana, ha invece inserito i caratteri genitali nella categoria dei caratteri sessuali primari, frutto della selezione naturale, e non di quella sessuale.

Il pene del maschio della coccinella *Cycloneda sanguinea* possiede due appendici su entrambi i lati del pene a forma di bacchette da batteria, che servono per tamburellare sulla femmina durante l'accoppiamento: provoca un piacere ulteriore. Gli entomologi che hanno studiato le coccinelle riferiscono di rapporti sessuali che durano molto a lungo, dalle tre alle nove ore, in cui i maschi avrebbero orgasmi della durata di un'ora e mezzo. Possibile? Le coccinelle sono note anche per le *multiple mating*, le accoppiate multiple, dette anche « ammucchiate ». Nel web esistono foto di rapporti sessuali tra coccinelle, maschio e femmina, ma anche plurime. Un biologo, il professor Greg Hurst, vent'anni fa ha anche appurato che durante i rapporti sessuali si trasmette un parassita, un acaro, che vive sotto le ali, si nutre di emolinfa, e si trasferisce da una coccinella all'altra provocando la sterilità: malattie veneree?

La coccinella non è l'unico insetto ad avere un organo sessuale così particolare. I genitali maschili, fa notare Laura Beani studiosa del tema, sono modellati nelle maniere più fantasiose, per rimuovere lo sperma dei rivali dalle vie genitali femminili e anche per eccitare la femmina e favorire la fecondazione; gli esempi negli insetti non si contano. Il maschio della pulce dei polli, *Ceratophyllus gallinae*, ad esempio, ha un pene costituito da « una profusione di piastre, pettini, molle e leve », che secondo Schilthuizen somiglia più a un vecchio orologio esploso che non a una siringa, dal momento che basterebbe una forma semplice per iniettare gli spermatozoi nel corpo della femmina. Secondo W.G. Eberhard, autore di un importante studio sulla selezione sessuale, sugli organi genitali e sulla scelta criptica femminile, nessuna parte del corpo nel regno animale evolve con la stessa velocità dei genitali, tanto che la più cospicua differenza tra noi e i primati non umani si trova nei genitali, modellati dalla promiscuità e dalla competizione spermatica.

Per tornare alle nostre amate coccinelle, non sono solo delle instancabili copulatrici, ma hanno anche l'abitudine di praticare il cannibalismo. In particolare, la Coccinella dai quattordici punti bianchi, che mangia afidi e psille, cui aggiunge, in caso di bisogno, acari o larve di crisomela, pratica anche il cannibalismo. Se scarseggiano gli afidi, di cui è ghiotta, e che sventra, mangia anche i propri simili, cominciando dalle larve. La stessa cosa fanno le larve tra di loro. La ricerca di Hurst avrebbe stabilito che a queste pratiche non sarebbe estraneo quell'acaro trasmesso per via sessuale. Insomma, le amabili coccinelle, che hanno dato il nome alla sezione femminile delle giovani scout, sono in realtà belve feroci, dei veri e propri lupi nei confronti degli afidi, il gregge che assalgono su rami e foglie. Una coccinella adulta mangia da cinquanta a settanta afidi al giorno. Un entomologo russo, Alexander Yakhontov, ha calcolato che nel corso della bella stagione una coppia di coccinelle e la loro prole divorano circa 57.000 afidi. Un'enormità. Le « gallinelle del Signore », uno dei tanti nomi « sacri » dati alle coccinelle, s'abbuffano di prede come lupi famelici, pur essendo, a differenza dei lupi, cacciatrici abbastanza mediocri. Va anche detto che ci sono pure le coccinelle vegetariane, quelle del melone, della bionia, e di altre piante, e sono delle distruttrici, a differenza delle « carnivore », che invece salvano le piante dai loro perniciosi parassiti. Un bel rovesciamento.

La cosa più curiosa non è però solo la loro sessualità, e neppure il cannibalismo, ma la livrea. Come mai hanno i punti? Come si sa, le coccinelle non sono tutte uguali. In Italia di Coccinelle ce ne sono più di centoventi specie, ma esiste una grande variabilità all'interno della stessa specie e della stessa popolazione. Basta osservarne quattro o cinque nell'arco di poche ore e nel medesimo luogo. Ci sono coccinelle a 2, 7 (le più diffuse da noi in Italia), 14, 16, 22, 24 punti; c'è anche la coccinella detta « delle virgole » per la forma delle macchie. Perché questi punti?

I punti, o macchie, hanno forme diverse: rotonde, a punta, ovali, zebrate, a bande. Ma ci sono anche individui con la livrea nera o bruno chiara, più scialba rispetto alle altre, quelle rosse a punti neri; questo dipende dal fatto che il carapace è rivestito di peli sottili che lo rendono opaco. Il fatto è che all'interno della stessa specie vi sono livree molto diverse.

La prima ipotesi considerata dagli entomologi è stata geografica: ogni livrea corrisponderebbe a una sottospecie che si trovava solo in una certa regione. Possibile, ma non sufficiente. Un'altra ipotesi riguarda il tipo di clima: secco o umido. Tuttavia gli esperimenti hanno dimostrato che non era vero. Allora si è passati ad analizzare il regime alimentare. La coccinella rossa è così perché consuma prede animali che contengono questo pigmento. Prive di quel cibo, le larve diventavano rosa invece che rosse. Questo però non spiegava la forma del disegno. Poi un ricercatore russo ha isolato tredici tipi di *Adalia bipunctata* con una diversa colorazione ciascuna e ha provato a incrociarle, alla Mendel, e ha trovato che i figli avevano una colorazione e un motivo intermedio. Alla fine gli entomologi hanno concluso che la variabilità delle livree dipende dall'alto numero di combinazioni possibili tra le varie « razze », salvo poi scoprire, tanto per complicare ancora, che il gruppo di geni che controllano punti e colori manifesta un adattamento all'ambiente e alla fisiologia degli individui. Insomma, una livrea è più o meno visibile su un certo sfondo.

Resta la domanda fondamentale: perché farsi vedere, perché quelle livree colorate in un mondo di predatori pronti a divorare ogni cosa che si muove? Non sarebbe meglio mimetizzarsi? Le livree smaglianti non sarebbero altro che un avvertimento: se mi mangi ti faccio male. Così come le strisce gialle e nere delle vespe o dei bombi. Le coccinelle emettono un liquido giallastro dall'odore sgradevole; si tratta del sangue dell'insetto che trasuda attraverso le articolazioni delle zampe. Negli insetti il sangue non circola come nel nostro corpo, ma occupa l'intera cavità del corpo e quello delle coccinelle contiene sostanze tossiche. Sono alcaloidi prodotti dal loro metabolismo (alcaloidi come caffeina, morfina, cocaina, stricnina ecc.), usati per difesa dall'insetto, un po' come le piume che sarebbero comparse negli uccelli non per consentire loro di volare, ma per isolare il corpo, proteggerlo dalla dispersione del calore, poi sono diventate uno strumento per alzarsi da terra e dominare i cieli. Un gioco dinamico dell'evoluzione che riutilizza come in un bricolage adattamenti inventati per pressioni selettive diverse.

Un'altra cosa che colpisce di questo coleottero dalla livrea così allegra è la sua tendenza a svernare. Dopo una grande attività nei mesi estivi, all'approssimarsi dell'inverno, o già in autunno, cerca un rifugio per entrare in una sorta di letargo, che consente ad alcune coccinelle di superare due inverni e vivere almeno un anno. In questo periodo di sospensione vivono delle riserve accumulate nella bella stagione; riducono l'attività al minimo e si uniscono tra di loro formando dei raggruppamenti in cantine, garage, anfratti nei muri, nella cassetta delle persiane, nei telai delle finestre, nei depositi non riscaldati dove si ripongono gli attrezzi da giardino. Prima di cedere al riposo stagionale, migrano. Le aveva osservate il grande J.H. Fabre, fondatore dell'entomologia moderna, dalle parti del Mont Ventoux in Provenza, che ogni studente di letteratura conosce per la descrizione che ne ha fatto Petrarca. Chi se le trova in casa deve stare attento a non riscaldare troppo il locale dove si sono addensate; in caso contrario riprendono di colpo la loro attività, il che le condanna a morire di fame, dal momento che non ci sono in quella stagione le risorse alimentari per sostentarle: niente afidi, niente piante. Semplicemente muoiono.

Scarafaggi

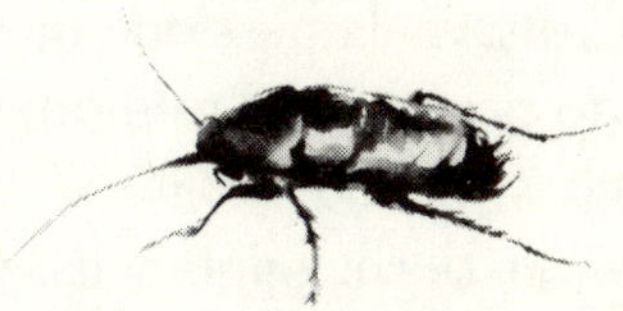

Trecento anni sono un arco di tempo abbastanza lungo nelle società umane perché usi, costumi e abitudini si modifichino in modo anche profondo. Trecento milioni di anni non sono stati invece sufficienti per provocare un mutamento nella predilezione delle blatte per l'oscurità delle foreste calde e umide, osserva Karl von Frisch. Scarafaggi primordiali, molto simili a quelli che si aggirano per le nostre case, frequentavano a schiere le grandi foreste ricche di felci e di equiseti del periodo Carbonifero. Gli esserini neri o rossicci, che può capitare di vedere correre rapidissimi quando a notte fonda si accende la luce nel proprio appartamento, sono tra i più primitivi insetti che ci sia dato di scorgere. Ora che quelle lussureggianti foreste sono scomparse per sempre, le blatte cercano rifugio negli anfratti bui e umidi delle abitazioni umane. I paleoentomologi di recente avrebbero dimostrato che gli attuali scarafaggi sarebbero imparentati molto alla lontana con le bestiole del Carbonifero. Probabile, tutto evolve, tuttavia la passione di entrambi per il caldo umido non è certo tramontata.

Von Frisch si è domandato se per caso nel loro intimo non riecheggino sensazioni simili a quelle che provavano nelle foreste vergini da cui provengono, mentre risalgono lungo i tubi delle case, si nascondono nelle fessure dei muri, vicino agli scarichi dell'acqua, lungo le condutture dei riscaldamenti, nei mobili, negli armadi, dietro i quadri o nei rivestimenti. Da lì escono nottetempo alla ricerca del loro nutrimento, gettandosi su ogni cosa risulti commestibile. Cosmopoliti, fitofagi, onnivori, saprofagi e molto diversificati: se ne contano quattromila specie. Mangiano di tutto, dalle patate allo zucchero, dalla cioccolata al grasso, prediligendo i rifiuti freschi o marci, ma anche carta, inchiostro e persino lucido da scarpe. Se la casa è calda e abbastanza umida e il cibo buono, le blatte si riproducono in gran numero e diventano un vero flagello.

L'effetto che provocano sugli umani è di ribrezzo, forse superiore a quello generato dalla vista di un ragno, perché mentre corre lo scarafaggio produce un particolare fruscio che genera ripugnanza in molte persone. Probabilmente attiva ricordi ancestrali, memorie d'epoche remote, quando abbiamo cominciato a conoscere questo repellente insetto e a temerlo. Le blatte puzzano, secernono una sostanza nauseabonda prodotta da alcune ghiandole, un odore che probabilmente per loro è un profumo.

Linneo nel 1758 suppose che la comune blatta fosse originaria delle Americhe e ne mise in luce la natura vagabonda. Si sbagliò, perché l'insetto non proveniva dalle Americhe, bensì dall'Africa settentrionale. Da migliaia d'anni le blatte hanno preso a seguirci diventando, alla pari di altri animali – pidocchi, ratti, topi, mosche –, coinquiline dell'uomo. Oggi sono dappertutto nel Pianeta, e se domani l'umanità dovesse partire per lo spazio interstellare al fine di sottrarsi al disastro ecologico del Pianeta azzurro, state sicuri che le blatte sarebbero a bordo nascoste in mezzo ai tubi dell'impianto di riscaldamento.

Esistono molte specie di scarafaggi. Von Frisch elenca la blatta comune, la più diffusa, e la blatta germanica. Sempre Linneo l'aveva ritenuta originaria di quel paese, così come quella comune è chiamata *Blatta orientalis*, ma non è detto che venga da lì. Nel gioco dell'attribuzione sulla loro origine, von Frisch segnala che nella Germania meridionale gli scarafaggi sono noti come « prussiani », mentre al nord con il nome di « svevi », e in quella orientale li chiamano « francesi », a oriente « russi » e in Russia sono detti « prussiani ». Ovunque, a farle prosperare sarebbe sempre l'amato dirimpettaio.

La distinzione tra scarafaggio e blatta è linguistica. Il termine « blatta » è citato da Plinio, e l'origine della parola è sconosciuta. I Blattoidei sono parenti stretti di termiti e mantidi, mentre i grilli e le cavallette, un tempo considerati dagli entomologi della stessa parrocchia – diversi libri registrano ancora questa vicinanza –, sono piuttosto cugini alla lontana. In Italia esistono 40 specie diverse; per fortuna, poche entrano nelle nostre case. Ma quando ci sono defecano e rigurgitano durante il loro pasto, così da trasmettere malattie microbiche, ricorda Marco Di Domenico. Diffondono enterobatteri, salmonella, protozoi ed elminti. Infettano e distruggono le derrate alimentari di bar, ristoranti, magazzini, panifici, industrie. Un vero disastro. Il biologo italiano sottolinea i tratti in comune tra noi umani e gli scarafaggi: erranti, ubiqui, onnivori, opportunisti.

Von Frisch, dopo averli descritti come un nemico, da vero zoologo sostiene che, osservati meglio, sono animali graziosi: lunghe antenne filiformi, mobili, che consentono di tastare al buio il terreno; hanno anche un capo molto grande, una «fronte da pensatore»; l'encefalo però è piccolo. Possiedono le ali, ma le usano raramente, fanno invece piccoli balzi come le cavallette. Sono velocissimi: un chilometro all'ora.

Secondo Danilo Mainardi sono una specie quasi sociale. Non come api e formiche, ovvero non costituiscono un superorganismo; tuttavia vivono insieme e comunicano tra di loro. Le madri proteggono le neonate. Marcano i passaggi per arrivare al cibo, competono tra loro ma con feromoni d'allarme. Conoscono le lotte per il rango e si avvisano reciprocamente del pericolo. Quel fruscio, che crea ribrezzo, è un segnale provocato dallo sfregamento sul terreno degli speroni che si trovano all'estremità delle loro tibie. Hanno sviluppato il linguaggio chimico che si è trasformato in un linguaggio acustico: le cellule vicino alle aperture tracheali producono messaggi chimici che provocano contrazioni muscolari.

Chissà se è questo linguaggio che parla il povero Gregor Samsa al suo risveglio. In realtà, come sostiene Vladimir Nabokov, il giovane commesso viaggiatore non è uno scarafaggio, bensì un coleottero. L'insetto della *Metamorfosi* di Kafka non è piatto come uno scarafaggio, presenta due convessità sul ventre e sulla schiena e ha gambe piccole; somiglia a uno scarafaggio solo per la colorazione bruna. Anche Primo Levi ha identificato il personaggio di Kafka come uno scarabeo. Secondo l'ex chimico torinese non saranno le blatte quanto piuttosto i coleotteri i futuri re del mondo. Dovranno però passare molti milioni di anni prima che « un *beetle* particolarmente amato da Dio, al termine dei suoi calcoli, trovi scritto sul foglio, in lettere di fuoco, che l'energia è pari alla massa moltiplicata per il quadrato della luce ». Forse per noi umani c'è ancora qualche speranza.

Zanzare

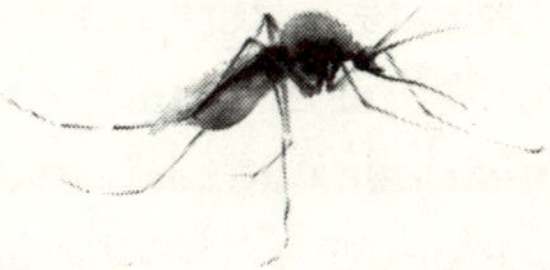

C'è un insetto più antipatico della zanzara? In *Zanzare*, il secondo romanzo di William Faulkner, ambientato a bordo di un panfilo che naviga sulle acque di un lago, gli esseri umani appaiono frenetici, assurdi e fastidiosi come le zanzare che li pungono. Spesso senza far rumore, questo insetto atterra sulla nostra cute e pratica un foro con la sua sottile proboscide. L'effetto è un prurito insistente. Come ha scritto Karl von Frisch, noi uomini dobbiamo astrarci dall'idea di essere i primi attori sul teatro della Terra ed evitare di pensare che ogni cosa sia al nostro esclusivo servizio. Lo zoologo austriaco asserisce che anche i più modesti esseri viventi sono equipaggiati con la medesima cura dell'arrogante razza umana per affrontare la lotta per l'esistenza.

La fastidiosa zanzara possiede organi di volo

di grande perfezione; ha due sole ali, quindi appartiene ai Ditteri. Così come noi appena vediamo il cibo ci viene l'acquolina in bocca, la zanzara all'attacco appare dotata di ghiandole per la salivazione: praticata la ferita nella nostra pelle, emette una gocciolina di liquido tossico che provoca l'irritazione della cute; le serve per produrre un'infiammazione locale, dovuta alla dilatazione dei vasi sanguigni: intensifica l'afflusso del sangue. Il veleno provoca dolore, ma è utile ad attingere quel nettare che è il nostro sangue. Tutto questo perché il suo apparato succhiatore è troppo sottile per infilarsi a fondo nella pelle. Inoltre, la goccia di liquido irritabile ha anche l'effetto di impedire che il sangue si coaguli intasando la proboscide dell'antipatica zanzara.

Le zanzare non sono così vecchie come altri insetti. Sono apparse solo trentacinque milioni di anni fa e, rispetto ad altri, la loro alimentazione è altamente specialistica: si nutrono di sangue, quello di animali a sangue caldo. Non fanno troppe distinzioni: il nostro sangue vale quello di una mucca o di un uccello, per cui, pur sentendoci perseguitati, non siamo i loro unici fornitori. Non sono i soli insetti che si alimentano con il sangue: ci sono pappataci, zecche, pidocchi e pulci, oltre ai tafani ematofagi, che si trovano su spiagge o nei pressi di allevamenti equini e bovini. Ma sono tutti insetti più rari, mentre le zanzare svolazzano numerose intorno a noi; per fortuna a succhiare sono sempre e solo le femmine, poiché sia i tafani maschi che le zanzare maschio non cercano gli esseri viventi, si nutrono per lo più di sostanze vegetali. La ragione è semplice: il sangue serve per far maturare le uova, altrimenti si nutrono di sostanze zuccherine.

Nel mondo degli insetti i maschi sono dediti quasi esclusivamente a fecondare le femmine, anche se ci sono delle eccezioni. I maschi delle zanzare vivono poco, dai sette ai quindici giorni, mentre le femmine da uno a cinque mesi, poiché sono capaci di svernare entrando in una sorta di letargo in attesa di condizioni climatiche migliori. Tra gli insetti, il maschio non se la passa certo bene. Il caso più famoso e noto è quello della mantide religiosa. Ne è rimasto colpito lo scrittore francese Roger Caillois, vicino in gioventù al movimento surrealista, che descrive il cannibalismo del maschio durante la copula ne *Il mito e l'uomo*: la femmina, molto più grande, lo decapita quando è sopra di lei e lo divora, mentre il maschio continua a pompare spermi. È il maschio stesso il dono nuziale: la femmina lo mangia perché ha bisogno di un buon pasto proteico, spinta dall'istinto di garantire la sopravvivenza della prole. Il maschio si sacrifica perché è raro trovare femmine recettive, anche se tenta di cavarsela e fuggire. Gli entomologi lo descrivono come un lento gioco di avvicinamento e fuga tra i partner, a scatti, come «le belle statuine». Il dono nuziale non riguarda le zanzare, mentre è tipico dei Ditteri e dei ragni.

La zanzara è senza dubbio un flagello per le malattie che trasmette con la sua saliva: malaria, febbre gialla, dengue, encefaliti; inoltre, rende inabitabili intere regioni del globo: Asia settentrionale, Lapponia, America del Sud. In Italia ci sono complessivamente sessanta specie di zanzare, ricorda il biologo Marco Di Domenico; dodici sono le *Culex*, il genere più diffuso; tre le *Anopheles*, che veicolano la malaria; poi ci sono le *Aedes*, cui appartiene la terribile zanzara tigre e anche la «zanzara coreana», *Aedes koreicus*, ultima arrivata, segnalata per la prima volta nelle zone montane del bellunese. Entrambe sono probabilmente giunte dall'Oriente per nave, dentro l'acqua che ristagna nei copertoni, anche se si suppone che gli aerei siano un ottimo veicolo per far migrare insetti da una parte all'altra del mondo.

Le zanzare sono un flagello anche per via della loro capacità di riproduzione: una femmina genera trecento uova; poiché il ciclo vitale è di sette giorni e dato che si riproducono dopo due giorni dalla nascita (larva, poi pupa, quindi insetto vero e proprio), da una zanzara possono nascere 250 milioni di miliardi di zanzare nell'arco di otto mesi. Per nostra fortuna c'è la darwiniana lotta per la sopravvivenza: pipistrelli, rondini, altri insetti. La zanzara, il cui nome italiano è di origine onomatopeica, è una specialista dell'acqua; dove c'è, e ci sono batteri, lei appare. Senza l'acqua non depone le uova e le larve non si sviluppano; basta un sottovaso o un barattolo abbandonato. Sono in grado di colonizzare anche le acque più povere di ossigeno. Partono dall'acqua e lì tornano, per questo sono diventate le nostre compagne inseparabili. Ma come fanno a individuarci? Grazie ai sensilli percepiscono le vibrazioni e i cambiamenti di pressione con i loro recettori antennali; invece con gli ocelli, i loro «occhi», diciamo così, vedono le radiazioni infrarosse prodotte dal nostro corpo, sentono l'anidride carbonica che emettiamo nella respirazione. Colgono il nostro odore anche a distanza di settanta metri. Per colpire il bersaglio mettono in azione i loro ricettori del calore e dell'umidità. Speriamo solo che non le stiano studiando in qualche centro di ricerca bellica, perché se la loro tecnologia verrà trasferita ai Droni, insetti tecnologici, sarà fatale per chiunque preso di mira.

Mosche

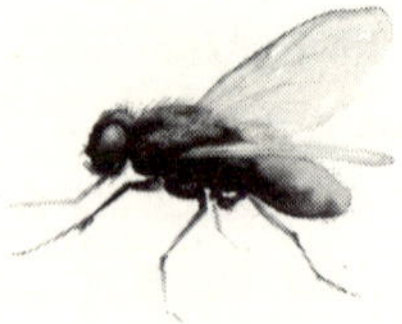

Una giornata d'estate. Sdraiati sul prato ci godiamo il meritato riposo. Stiamo dormicchiando, quando cominciamo a provare un senso di fastidio. Qualcosa si posa ripetutamente sulle braccia, sulle guance e sulla fronte. Non ci punge, ma fa una specie di solletico. Ci risvegliamo e cerchiamo di cacciare l'intruso: una mosca. Difficile prenderla. È velocissima. Batte le ali duecento volte in un secondo. Inoltre, ha un occhio molto vasto che occupa l'intero capo e vede la mano che cala su di lei. Sono migliaia di occhi semplici, somigliano a piccoli cannocchiali disposti in modo compatto ma con gli assi longitudinali lievemente divergenti: guardano in tutte le direzioni. L'immagine che la mosca ha della nostra mano non è nitida, tuttavia molto efficace. Probabilmente vede molto meglio un oggetto in movimento dell'uomo che la scaccia. Il suo occhio è anche capace di individuare la polarizzazione della luce, poiché, come la gran parte degli insetti, il Sole è la sua bussola.

Noi umani ci consideriamo al vertice della Natura e abbiamo posto i vertebrati in cima al sistema che classifica gli esseri viventi. Ma tre quarti di tutte le specie animali che vivono sulla Terra sono insetti. Non possiedono né vertebre né ossa, ci ricorda Karl von Frisch, e a loro difesa hanno posto un'armatura, una cuticola di chitina di sostanze proteiche e lipidiche, rigida e dura quanto basta, leggerissima e perfetta per il volo. Von Frisch fa notare che, se in un secondo la mosca compie con le ali duecento movimenti, avrà senza dubbio un'idea del tempo molto diversa da noi umani.

Intanto i Ditteri – l'ordine a cui la mosca domestica appartiene, composto da migliaia di specie – c'erano già duecento milioni di anni fa. Possiedono un sistema respiratorio e circolatorio ben più efficiente del nostro. Mentre noi inspiriamo attraverso le narici, o la bocca – è da lì che entra l'ossigeno fondamentale per far vivere tutte le singole parti del nostro organismo, senza cui non funzionerebbero –, le mosche come altri insetti hanno il naso distribuito su tutto il corpo, dalla testa fino alle estremità posteriori. Attraverso dei canali, piccole arterie piene d'aria, fanno arrivare l'ossigeno a tutti gli organi. Dove il nostro cuore si sobbarca lo sforzo del battito continuo, per distribuire l'ossigeno, il cuore delle mosche ha invece ben poco da fare: è un esile tubo e si contrae con molta calma; serve quasi solo a far circolare l'emolinfa, che bagna tutti gli organi e i tessuti senza un sistema di vasi. Gli insetti non conoscono né infarti né arteriosclerosi.

Non c'è solo questa prerogativa. Quando la mosca si posa sull'uomo che dorme, è in grado di odorare con le zampe, non solo con la bocca; se le immerge su una goccia di marmellata, la riconosce. In compenso il suo cervello è ben poco sviluppato e le sue azioni sono guidate dall'istinto. Con molta ironia von Frisch, forse memore di qualche racconto di Kafka, sottolinea che con un cane, ma anche con un uccello, e persino con una salamandra, si può stabilire un rapporto di riconoscimento, con una mosca mai, neppure dopo una lunga frequentazione. Le mosche si possono invece collezionare, assicura il premio Nobel austriaco, e sarà certo una collezione davvero ardua da portare a termine, dato che ne sono state descritte sinora più di 85.000 diverse specie.

Di recente un entomologo e scrittore svedese, Fredrik Sjöberg, ha pubblicato un libro, *L'arte di collezionare mosche*, dove racconta questa sua attività. Solo in Svezia ce ne sono 4424 specie. Nel libro è narrata, tra tante cose curiose e affascinanti, la storia di René Malaise, entomologo, esploratore, naturalista, scrittore svedese, personaggio bizzarro e ingegnoso, a sua volta collezionista, anche di opere d'arte. È stato lui a inventare la trappola con cui si catturano le mosche; somiglia a una vecchia tenda con il colmo leggermente inclinato e l'angolo più in alto con un'apertura che conduce a una camera a gas «insidiosa quanto ingegnosa». Realizzata nel 1934 è ancora in uso. Non serve solo a catturare mosche, ma ogni tipo d'insetto; con questa trappola Malaise ha raccolto in giro per il mondo centomila insetti appartenenti a specie del tutto sconosciute, per cui ancora oggi a Stoccolma gli entomologi armati di lente si chinano sulle sue collezioni. Nessuno ama le mosche, tranne forse gli entomologi, personaggi senza dubbio eccentrici, e i collezionisti, anche loro curiosi e bizzarri.

Non solo sono fastidiose, come si sa, ma possono diffondere malattie; animali cosmopoliti, frequentano l'uomo da sempre perché noi offriamo loro riparo, calore, cibo e rifiuti su cui deporre le uova. Le mosche domestiche (*Musca domestica*) allegramente defecano e rigurgitano sul nostro cibo, e così ci riforniscono di una sterminata quantità di organismi patogeni, ricorda Marco Di Domenico. Forse sono state anche le mosche a trasmettere in piccole dosi quei patogeni che hanno permesso ai popoli dell'Eurasia di diventare, un po' per volta, immuni, come sostiene Jared Diamond in *Armi, acciaio e malattie*, così da permetterci di conquistare il resto del mondo. Un'epidemia può decimare certe popolazioni più ancora delle innovazioni tecnologiche dei *conquistadores*.

Pulci

La pulce non è un insetto molto vecchio. Esiste solo da sessanta milioni di anni, pochi se confrontati con altri insetti. Alcuni decenni fa è stata scoperta una pulce fissata dentro una goccia d'ambra risalente all'eocene dell'età terzaria, meglio conservata di una mummia egizia, come ha scritto Karl von Frisch. Se si pensa che noi umani (*Homo sapiens*) ci siamo solo da duecentomila anni, mentre quell'esemplare di pulce del topo saltava avanti e indietro 59,8 milioni di anni prima di noi, si può ben capire che rispetto dobbiamo a questo fastidioso parassita.

Sembra che ce lo siamo trovati addosso quando i nostri progenitori hanno cominciato a vivere nelle caverne. La *Pulex irritans*, com'è chiamata la pulce dell'uomo, proviene dalle volpi, dai tassi e dagli altri animali che abitavano quegli anfratti, in cui abbiamo trovato rifugio e che abbiamo dipinto con scene di caccia. Secondo recenti studi vi sarebbero 1800 specie note di pulce, di cui un centinaio in Europa. Da quando von Frisch ha pubblicato il suo libretto sui nostri coinquilini, che comprende un ampio capitolo sulla pulce, da metà degli anni Settanta a oggi le nuove pulci scoperte sono almeno trecento. Von Frisch parla dell'ordine degli *Afanitteri*, mentre Michael Chinery, nel suo vasto catalogo degli insetti europei, li include nell'ordine *Siphonaptera*; sempre di ordine si tratta, come le farfalle, i coleotteri o i ditteri, ma privi di ali.

E pensare che noi usiamo la parola « pulce » come un epiteto negativo, per dire che qualcuno è non solo un parassita, ma molto piccolo e trascurabile. Parente della mosca, la mosca scorpione per la precisione, la pulce ha perso le ali che non le servivano più, dal momento che la sua principale qualità è spiccare salti, sebbene nella fase di pupa ne conservi ancora un abbozzo. Ne parla anche Primo Levi in un suo articolo intitolato « Il salto della pulce ». Scrive che tra gli animali sono i parassiti che più dovremmo ammirare « per l'originalità delle invenzioni scritte nella loro anatomia, nella loro fisiologia e nelle loro abitudini ». L'animale ha convertito la sua muscolatura originaria di volo in un sistema di accumulo elastico di energia meccanica: «sostanzialmente, un meccanismo di tensione, sgancio e scatto simile a quello della balestra di un tempo, o del fucile a molla usato dai subacquei». Sarebbe una proteina (la resilina) l'organo «deformabile elasticamente», tipo unico nel regno animale, assai simile a una gomma, ma che fornisce prestazioni migliori.

Levi descrive con entusiasmo questa capacità d'accumulo di energia che avviene tra un salto e l'altro, cosa che consente all'insetto di saltare in ambienti freddi in alto e molto lontano: fino a trenta centimetri in alto, e per una lunghezza cento volte superiore alla propria dimensione. Ma non c'è solo questa prerogativa davvero notevole. Levi ricorda che le pulci dei conigli sono in grado di intercettare i messaggi ormonali dei loro ospiti così da agire sulle proprie ovaie in sincronia con le ovaie dei conigli; di conseguenza, ogni coniglietto alla nascita riceverà la sua razione di larve e sarà provvisto delle sue pulci regolamentari, come la sua genitrice.

Giovanni Berlinguer, uomo politico, fratello di Enrico, segretario del Partito Comunista, è stato uno studioso delle pulci nel suo ruolo di docente alla Facoltà di Scienze dell'università La Sapienza di Roma. Ha infatti scritto una monografia di oltre 360 pagine sulle pulci italiane e anche un piccolo libretto più volte ristampato, *Le mie pulci*, dove si sofferma sul rapporto tra il sesso e le pulci. Le pulci si amano tra loro in sincronia con gli amori degli animali su cui vivono e prosperano; si riproducono in perfetta sintonia con la soddisfazione sessuale dei loro ospiti. Un esperimento ha appurato che le pulci maschio e femmina che vivono su conigli mantenuti in castità, mangiano, saltano e si spostano, ma raramente tentano di accoppiarsi fino a che vige la segregazione sessuale. Cosa che invece accade quando i conigli si uniscono sessualmente. Come facciano a capirlo, non è semplice: lo evincono dal sangue che succhiano? Dalla presenza di particolari ormoni in quel prezioso liquido? O è l'odore che glielo dice?

Anche i loro organi sessuali sono davvero inconsueti. Berlinguer, quando si è applicato alla loro anatomia, ha scoperto che al microscopio il loro pene misura oltre un terzo del corpo; l'accoppiamento tra maschio e femmina (più grande di dimensioni del maschio) dura dalle tre alle nove ore; il maschio afferra in una morsa la femmina, immette lo sperma, che viene conservato nella banca dello sperma della femmina, la spermateca, consentendo a uno spermatozoo alla volta di fecondare centinaia di uova.

Un'altra particolarità delle pulci sarebbe, a

detta di von Frisch, il canto d'amore: poiché non è facile per il maschio e per la femmina incontrarsi, sia che si trovino sul pavimento di una casa che sul dorso di un animale, emettono un suono per segnalare la propria presenza. Alla radice delle zampe posteriori possiedono file di minuscoli aculei che, grazie a determinati movimenti delle zampe, percuotono sottili anelli trasversali dell'addome, come dita che pizzicano le corde di un'arpa. Ce li hanno anche i grilli, che emettono suoni ben più udibili, e anche le cavallette; sono gli apparati stridulatori. Le pulci non possono essere ascoltate da orecchie umane per via delle loro dimensioni; tuttavia, sembra che esse non siano dotate di orecchie, o almeno non sono ancora state descritte membrane che reagiscono alle frequenze. Come percepiranno le vibrazioni? Resta comunque affascinante l'immagine di un concerto che emana dal folto pelo di un cane lupo.

Le pulci sono temibili per le malattie che diffondono, la peste ad esempio. Questa colpisce i ratti; le pulci succhiano il loro sangue, che passa indenne nel loro intestino, dove il bacillo si riproduce benissimo e poi viene diffuso attraverso gli escrementi dell'insetto. In realtà, la vera trasmissione avviene solo quando i ratti cominciano a morire per la peste; le pulci allora sono costrette per campare a saltare sugli uomini, contagiandoli. La saliva della pulce, che inietta con una puntura, provoca un'irritazione e un forte prurito, ed è una sorta di veleno, sebbene si tratti di una quantità risibile: 0,00004 millimetri cubici; così che per averne una goccia servirebbero un milione e mezzo di pulci; con questa quantità di liquido si arriverebbe a far grattare l'intera popolazione di una media città.

Le pulci stanno scomparendo? No, non ancora. Anche se come molti insetti parassiti sono in grande diminuzione. Sugli uomini e sulle donne oggi ce ne sono sempre meno grazie all'igiene, cosa che nei campi di concentramento descritti da Levi ovviamente non c'era; l'attenzione dell'ex deportato verso questo insetto deriva dalla sua esperienza passata? Nella sua opera parla in vari punti dei parassiti. Le considerazioni più interessanti riguardo la pulce si leggono ne *Il salto della pulce* e riguardano il suo parassitismo, ma anche quello di molti altri insetti, come la zecca, i pidocchi, le tignole, le cimici. Levi distingue tra parassita umano e parassita animale. Il primo deve essere fornito di grande intelligenza, dal momento che, essendo sprovvisto di istinto appropriato, in quanto essere umano, deve affidarsi alla propria bravura e agli artifizi; il parassitismo per lui è una scelta. L'animale invece è tutto istinto, totalmente programmato per il parassitismo, mentre il suo cervello è piccolissimo, un ganglio cerebrale. Per questa riduzione c'è una ragione economica: essendo la caccia all'ospite così incerta e difficile, e anche casuale, la Natura ha investito non solo nel cervello, o negli organi di senso, o nell'apparato digerente, ma soprattutto nella capacità di riprodursi: milioni di uova.

Come documentano i due scritti di Levi e Berlinguer, la lista dei letterati che si sono occupati della pulce è lunghissima, da Belli a Balzac, da Goethe a Imbriani e a Calvino. Ma la cosa più sorprendente non è la letteratura che le cita, per quanto ricca e interessante, ma un particolare tipo di spettacolo: il circo delle pulci. Von Frisch ricorda questi circhi che in tempi antichi erano presenti sulle piazze di fiere e feste di paese. Ne descrive uno, dove l'artista è il domatore, non gli insetti, per come riesce a cingere il torace delle piccole saltatrici con un cappio sottilissimo di rame o di argento, che impedisce loro di allontanarsi. Dopo essersi agitate per qualche giorno le pulci del circo in miniatura smettono di saltare e si adattano a trainare una carrozza, oppure carretti di carta, o salire su una giostra restandovi incatenate. Naturalmente il domatore nutre gli animaletti con il proprio sangue, offrendo loro il braccio alla fine dello spettacolo come ricompensa. Danilo Mainardi racconta di aver visto all'inizio degli anni Settanta in un luna park di Copenaghen un circo con pulci (*Pulex irritans*) ammaestrate. Gli insetti, impastoiati con fili esilissimi e rigidi, muovevano carrozze, tiravano un filo che provocava lo sparo di un cannone microscopico.

Ci sono anche al cinema. Giovanni Berlinguer cita *Le luci della città* di Chaplin, dove Calvero canta la canzone del domatore di pulci. Esiste anche un altro film intitolato *La morte del direttore del circo delle pulci*; Ottocaro Weiss è il nome del protagonista, domatore, e Thomas Körfer il regista. Ultima cosa curiosa: uno dei più grandi studiosi di pulci all'inizio del Novecento è stato Nathaniel Charles Rothschild, specializzato in questo insetto; era andato a raccoglierlo fino in Egitto, nella Valle del Nilo. Ha anche fondato un museo dedicato alle pulci con un lascito annuo che dura ancora. Era l'erede della celebre famiglia di banchieri: pulci e banchieri, uno strano connubio.

Pidocchi

Per Anton Maria Narducci, giurista perugino, incluso da Benedetto Croce nella sua antologia dei lirici manieristi, sono « fére d'avorio » che se ne stanno sul capo dell'amata, i cui capelli appaiono come un « bosco d'oro ». Le fére sono le uova dei pidocchi, tormento di generazioni e generazioni di donne e uomini, trasformate invece dal poeta in oggetti tondeggianti e preziosi.

Narducci probabilmente non sapeva che esistono diversi tipi di pidocchi: quelli del capo, quelli dei vestiti o del corpo, quelli del pube, chiamati anche piattole, di cui parlano vari autori da Pietro Aretino a Casanova. Succhiano tutti lo stesso sangue, cioè il nostro, tuttavia secondo Karl von Frisch hanno gusti differenti. Non è un fatto di sapore, quanto piuttosto di abitazione. I pidocchi del capo preferiscono soggiornare tra i capelli, mentre la piattola ama il folto pelo del pube e quelli detti dei vestiti girano per il corpo. Certo, può capitare all'occhio esperto dell'entomologo di trovare un pidocchio dei vestiti tra i capelli, questo perché gironzolando avanti e indietro gli accade di salire là in alto.

Molti milioni di anni fa i pidocchi avevano probabilmente le ali; ora, come le pulci e le cimici, non volano più e sul loro minuscolo corpo non sono rimaste neppure le tracce di moncherini d'ali. Il fatto è che non hanno necessità di compiere grandi spostamenti, né per incontrarsi e copulare, né per procurarsi il cibo, per cui i loro mezzi di locomozione sono molto ridotti. La cosa che hanno invece sviluppato per legarsi al «bosco d'oro», ovvero ai capelli biondi dell'amata dal poeta, sono gli artigli. In cima alle zampe hanno dei piccoli rostri con cui si aggrappano con grande forza ai capelli; a questo uniscono una muscolatura vigorosa, come la definisce von Frisch nel suo ammirato ritratto: «a nessun prezzo acconsentirebbero a farsi spostare». Gli entomologi hanno calcolato la forza di presa di un singolo pidocchio: duemila volte superiore al peso del suo corpo, il che significa che se un uomo possedesse la medesima forza, potrebbe spostare con le mani un carico di centocinquanta tonnellate. Un prodigio.

Non abbandonano mai il corpo umano, né per riposarsi tra un pasto e l'altro, né per deporre le uova, che incollano ai capelli con una massa cementante resistentissima. Le uova sono un piccolo capolavoro; si chiamano lendini e custodiscono i piccoli pidocchi per due settimane; quando escono sono ninfe, simili agli adulti, e già si nutrono di sangue. Dopo tre settimane si riproducono – ogni femmina depone da cento a trecento uova – e, per quanto siano « animali affezionati », devono passare su un'altra testa: su un capo solo non c'è posto per tutti. Per questo in una classe delle scuole elementari, appena un ragazzino ha i pidocchi, i figli del parassita passano rapidamente sulla testa dei compagni.

A causa della loro sedentarietà hanno quasi perso gli occhi e hanno antenne corte. Per comodità si parla di pidocchio, ma come precisa von Frisch, non esiste « il pidocchio »: sono circa trecento differenti specie. La loro classificazione è ancora discussa; Michael Chinery li attribuisce agli ordini *Mallophaga* e *Anoplura*, mentre altri naturalisti li raggruppano in un unico ordine: *Phthiraptera*, dato che si somigliano moltissimo. Chinery li distingue sottolineando la differenza nei pezzi boccali e li classifica nei due ordini con antenati comuni. In ogni caso sono tutti ematofagi, come zanzare, pulci e cimici; i pidocchi che stazionano sugli uomini e sulle scimmie antropomorfe non hanno parenti prossimi, neppure con i pidocchi delle piante, che invece sono imparentati con le cimici.

Insomma, i pidocchi che da migliaia di anni ci tormentano e si nutrono di noi, sono un ordine d'insetti a sé stante. Quelli che ci capita di portare addosso vivono esclusivamente sull'uomo, e non si abbassano a nutrirsi del sangue di uccelli o altri animali. Una specializzazione fortissima: una specie vive sui topi, una sul cervo, un'altra sui bovini, una sul coniglio, sul cane, sugli ovini e sul maiale (questo può anche nutrirsi di sangue umano). Von Frisch cita persino il pidocchio dell'elefante, che si posiziona dietro le orecchie del grande animale e riesce a perforare la sua spessa pelle. Noi mammiferi siamo in simbiosi con i pidocchi, poiché ogni specie ha il suo pidocchio e ogni pidocchio considera commestibile solo un tipo di mammifero. I nostri tormentatori ci prediligono.

Il pidocchio è flemmatico, difeso nella sua lentezza da una consuetudine che dura da milioni e milioni di anni. Ma prima che ci fossimo noi umani, chi parassitavano? Difficile rispondere, di certo i pidocchi che abbiamo in testa si sono evoluti con noi, e con le scimmie antropomorfe. Non solo non si spostano per nutrirsi, ma fanno piccoli pasti, a distanza di poche ore uno dall'altro, senza rimpinzarsi. Questo permette loro di essere stanziali, tuttavia li espone a rischi, dato che, come le zecche, non possono vivere senza frequenti e brevi pasti; allontanati dal loro nido, muoiono in breve tempo. La loro vita sensoriale è modellata dalla sedentarietà.

Gli scienziati hanno determinato la temperatura che preferiscono: tra i 28 e i 30 gradi. Per poterla avere, si stabiliscono alla radice dei capelli, prossimi alla pelle che irradia calore, e dove sono anche più vicini al cibo. I tre tipi di pidocchi che ci abitano hanno forme differenti; in particolare le piattole sono piccole e piatte. Quelli dei vestiti depongono le uova nelle cuciture degli abiti e sulle superfici ruvide, che consentono una maggior aderenza. Lo strumento che usano per prelevare il nostro sangue è una proboscide perforante, che tengono riposta in una guaina ben visibile, libera, sotto il capo. La loro bocca ha un aspetto invece innocuo.

Von Frisch, che le ha osservate a lungo al microscopio, dice che non si notano né la guaina né lo stiletto, che è ritratto in profondità all'interno del capo. La proboscide viene estratta solo al momento del pasto, ovvero della suzione, che dura qualche minuto. Non essendo degli ubriaconi, come le zecche, i pidocchi «attingono al nostro sangue con moderazione e di frequente». I prelievi di sangue creano prurito, per questo ci si gratta sovente, il che produce delle piccole escoriazioni che in presenza di sporcizia si infiammano. Se l'ospitante ha i capelli lunghi, di solito una persona di genere femminile, salvo negli anni Settanta quando anche gli uomini portavano spesso i capelli lunghi, le uova unite con la materia cementizia ai capelli formano la cosiddetta «plica polonica» o «tricoma», che è difficile da districare, come l'antico nodo gordiano. Oggi è molto diffuso il lavaggio quotidiano dei capelli con lo shampoo, e la «plica polonica» è diventata più rara.

Il vero problema causato dai pidocchi è in tempo di guerra. Così è stato nelle trincee della Prima guerra mondiale, ma anche nel corso della Seconda. Poco dopo il conflitto del 1914, le armate tedesche furono infestate in modo massiccio dai pidocchi; contemporaneamente si diffusero la febbre petecchiale e il tifo esantematico, sia tra i soldati, sia nei campi di prigionia, causando molte vittime; poi si è appurato che la causa non era solo il pidocchio, ma anche la zecca. I parassiti sono veicoli d'infezioni, sono responsabili di epidemie in caso di cattive condizioni sanitarie e di affollamento.

Oggi le scuole, soprattutto asili infantili ed

elementari, sono infestate di pidocchi. In particolare a primavera e all'inizio dell'estate, ma capita anche in altri periodi dell'anno con maggiore frequenza. La direzione o le maestre affiggono cartelli che avvisano della loro sgradita presenza in quella determinata classe. Per la legge sulla privacy non si possono fare i nomi dei bambini che li recano sul capo.

La lotta ai pidocchi ha prodotto una piccola industria, tra spray, lozioni, unguenti, pettini, tanto che spesso se ne trova la pubblicità su giornali e nel web. Pur di non tagliare a zero i capelli dei figli, cosa che un tempo si faceva sempre, i genitori sono disposti quasi a tutto per estirpare le lendini. Un tempo avere i pidocchi non era proprio una cosa decorosa. Con la diffusione delle norme igieniche, la cura delle persone e delle abitazioni, e il DDT, erano scomparsi; poi, messo al bando come cancerogeno l'insetticida, sono riapparsi sulle teste dei bambini. Per le mamme e i papà è diventato abituale lottare con i pidocchi, come per i loro bisnonni e nonni in case mal riscaldate, senza acqua corrente, o nelle camerate e nelle trincee. Forse il senso di vergogna è scomparso, e le «fére erranti» sono solo una spiacevole abitudine annuale. Ma non è detto.

Cimici

Nel campo di raccolta di Katowice, dove si trovano gli ex deportati e i vari sopravvissuti alla guerra, sotto la custodia dei russi, serpeggia il tifo petecchiale, perciò Primo Levi e il suo amico Leonardo De Benedetti, medico, gestori dell'infermeria, hanno l'incarico dal comando di girare per le baracche e di invitare le persone a spogliarsi sino alla cintura e di presentare loro la camicia. Nelle pieghe delle cuciture ci sono i pidocchi, un tipo particolare: hanno una macchiolina rossa sul dorso. Secondo alcuni, riferisce Levi, non sarebbe altro che una minuscola falce e martello, poiché sono tutti ospiti dei sovietici.

Nella lista del giovane chimico torinese (la si legge ne *La tregua*) la fanteria sono i pidocchi, le pulci l'artiglieria, le zanzare l'aviazione, le piattole gli zappatori e le cimici i paracadutisti. Perché? Forse si lanciano sugli umani calandosi dall'alto con il paracadute? Una metafora letteraria, ma anche una bella immagine. In realtà nella cimice dei letti (*Cimex lectularius*), come nella maggior parte delle cimici (*Cimicidae*), ematofaghe a spese di uccelli e mammiferi, le ali non ci sono; quelle posteriori sono assenti, quelle anteriori sono al più dei moncherini, del tutto inutili, simili a scaglie. Questo tipo di cimici, tra le oltre quarantamila specie che sono state identificate, hanno disimparato a volare, mentre usano molto bene le zampette. Se ne stanno acquattate nei loro nascondigli, dietro ai mobili o alle carte da parati, nelle crepe dei muri, negli anfratti, nelle cuciture di sedie e divani, nei materassi e intelaiature dei letti; escono solo per placare la loro fame. Per questo sono piatte. Amano la pace notturna e l'oscurità, e assalgono i dormienti solo in condizioni favorevoli. Spesso i rifugi sono a poca distanza dai letti, e le marce di avvicinamento brevi; ma questo non impedisce che in casi di necessità possano abbandonare gli edifici dove si trovano e cercare altri domicili camminando sui muri. Quando la fame è terribile affrontano anche la luce solare.

Nelle nostre case arrivano portate da altri, per lo più mammiferi: cani, gatti, topi. Ci sono specie che parassitano pipistrelli e conigli, ma anche storni, passeri e rondini; abbordano galline e colombi. Secondo Karl von Frisch sono capaci di compiere numeri di funambolismo, percorrendo cavi telefonici o elettrici tesi tra un'abitazione o l'altra; provenendo da un luogo lontano, raggiungono la nuova casa e vi si insediano, dopo aver attraversato il vuoto. *Cimex lectularius* si nutre del nostro sangue, il suo cibo preferito, ma non disdegna quello degli animali che ci sono intorno a noi, in casa o nei pressi delle abitazioni. Ci tampina da parecchie migliaia d'anni, da quando in tempi preistorici ci siamo infilati nelle caverne e nelle grotte, in ambienti asciutti e caldi dove salvarci dagli inverni troppo rigidi. Così abbiamo incrementato la possibilità di sopravvivenza di questi insetti e li abbiamo sparsi per la superficie terrestre. Il passaggio dalle caverne e dalle capanne alle case moderne, dal punto di vista delle cimici, non è un gran cambiamento, perché per loro conta la temperatura e la presenza del cibo, cioè noi. Ci sono fedeli nei secoli, anzi nei millenni. Sono parte del nostro seguito. Le teniamo lontano solo con la pulizia.

Non è facile vederle e, come molti altri insetti, non sono proprio belle, almeno per l'occhio del profano, perché l'entomologo ne apprezza invece la forma e le funzioni, come fa von Frisch in un suo studio. Corpo appiattito in senso dorsoventrale, profilo ovale o oblungo, a seconda della specie, hanno occhi, ma sono privi di ocelli; possiedono antenne; l'addome è molto sviluppato, e nelle femmine c'è una fenditura, chiamata organo di Ribaga, attraverso il quale avviene la copulazione. Come dicono gli entomologi, la fecondazione è extragenitale e traumatica: il maschio perfora l'addome delle femmine con il suo organo copulatore e introduce gli spermatozoi nella cavità emocelica, dove maturano le uova.

Le femmine assumono il doppio del sangue di un maschio, ed è sorprendente che lo riescano a fare in meno di dieci minuti attraverso le loro sottilissime proboscidi perforanti. L'apparato boccale, che ha sedotto senza dubbio gli entomologi che ne danno descrizioni molto particolareggiate, è composto da una coppia di stiletti mandibolari e da una coppia di stiletti mascellari. I primi aspirano sangue attraverso una sottile proboscide, così sottile da far impallidire gli aghi di fabbricazione umana; i secondi invece iniettano saliva, che contiene sostanze ad azione coagulante e vasodilatatoria, proprio come fanno le zanzare. Arrivano a noi attratte dal nostro calore e dal diossido di carbonio che esaliamo durante la respirazione.

Come le blatte, le cimici consumano il pasto solitario, ma vivono anche in gruppo, strette le une alle altre, a volte con i piccoli. Mentre le mosche depongono le uova nel letame, le zanzare nell'acqua, le pulci le lasciano cadere nella polvere; forse le cimici curano in qualche modo la prole? Von Frisch sostiene che non ci sono prove certe di vita sociale. Meglio forse parlare di spirito gregario. Si aggregano non per fare vita comune, ma perché il posto dove si trovano è probabilmente il migliore nei dintorni, accogliente e caldo, e forse anche perché provano un certo benessere dall'odore dei propri simili. In realtà esisterebbe un feromone di aggregazione che le induce a unirsi. A proposito di odore: le cimici emanano un tipico fetore che è il prodotto delle loro ghiandole odorifere, ma odorano anche degli escrementi con cui ricoprono durante tutto l'anno le superfici dei muri o gli infissi, macchioline giallastre, rosso-brune e nere. Lì depongono le uova insieme a una sostanza appiccicosa che indurisce al contatto dell'aria e che costituisce il substrato su cui vengono fissate. Si riproducono sempre, se la casa dove si trovano è ben riscaldata.

Le cimici posseggono una particolarità davvero suggestiva: fuoriescono dalla loro corazza e se ne liberano almeno cinque volte nel corso della loro esistenza. I nuovi nati sbucano dall'uovo e raggiungono uno stato adulto in otto settimane. Analogamente a grilli e cavallette, le cimici crescono gradualmente e non passano attraverso lo stadio di larva e pupa, e poi di adulto, come nel caso di mosche, pulci, farfalle e coleotteri. Perché? La trasformazione morfologica e quella degli organi interni, spiega von Frisch, richiede una ristrutturazione talmente drastica da necessitare la cessazione di ogni attività per qualche tempo. Lo stadio di pupa assolve a questo scopo. Mentre all'interno è in corso la costruzione della forma definitiva, che avviene a spese degli organi della larva, fuori tutto è calmo e quieto. Nell'ultimo passaggio l'insetto fa saltare l'astuccio della pupa e dispiega le ali. La farfalla, o la mosca, vola via.

Senza entrare nei dettagli di questo processo molto complesso, bisogna dire che per le cimici, come per tutti gli Artropodi, lo sviluppo si scontra con la rigida corazza cutanea, che è una specie di gabbia, e non può perciò essere dilatata. È come un cappotto troppo stretto che impedisce la crescita. La cimice ha trovato una soluzione a questo: ogni tanto si libera del suo guscio chitinoso, fa saltare l'involucro. Si tratta di una muta. Più facile da esporre che da farsi, dice von Frisch, che evidentemente s'identifica con la sua amata cimice. Ognuna delle delicate zampette deve sfilarsi dalla vecchia pelle senza subire danni. Non a tutti riesce. Alla fine resta la vecchia pelle con le sei zampe, da un lato, e la cimice spellata, dall'altro, ma con una corazza già pronta, anche se flaccida. A questo punto l'insetto si gonfia e si accresce; dopo qualche ora la nuova corazza sarà abbastanza indurita e in grado di proteggere nuovamente l'insetto. Per questo si trovano in giro, a primavera, corpi morti di cimici, che in realtà sono le vecchie pelli svuotate. Questo succede almeno varie volte prima che la cimice dei letti raggiunga la sua forma definitiva, ma per farlo ci vuole il carburante, ovvero il sangue di cui si nutre.

Leggendo gli studi di entomologia, si scopre che le cimici sono molto interessanti anche per un altro motivo; per loro tramite gli studiosi avrebbero individuato l'esistenza e il funzionamento degli ormoni negli insetti. Ha scritto von Frisch: «Nessun animale è tanto insignificante da non ricompensare con grandi scoperte chi lo osservi con attenzione». Verissimo. Nel caso di questi nostri parassiti hanno scoperto che per procurarsi le vitamine, che noi umani traiamo dalla frutta e dalla verdura, e che nel sangue ci sono poco, usano dei batteri, gli schizomiceti, che vivono come parassiti del nostro parassita.

La simbiosi sembra non solo un problema psicologico tra umani, da risolvere con sedute psicoanalitiche, ma una delle forme fondamentali del sistema-vita: quasi nessun animale può farne a meno, a partire dagli insetti. Ma come possiamo fare per eliminare le eventuali cimici? Nei giornali si leggono di recente notizie circa un loro ritorno. La pulizia, innanzi tutto, insetticidi, prodotti ad hoc. Non basta ridipingere i muri, come si faceva un tempo.

Lo scrittore svizzero Gottfried Keller, l'autore di *Enrico il verde* (1855), in una sua novella, *I tre giusti pettinai*, descrive l'uscita di una cimice dal muro osservata da uno dei personaggi: «vede una cimice che risvegliata dal tepore primaverile, sbuca dalla parete ridipinta in celeste mesi addietro e se ne va via come una minuscola montagna azzurro cielo». Una descrizione poetica del nostro parassita ematofago.

Zecche

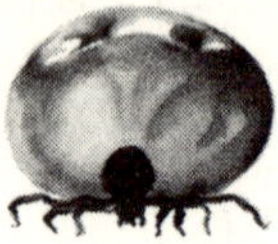

Nessuno ama le zecche. Essere definiti « una zecca » è chiaramente un insulto. Le zecche, come si sa, succhiano il sangue, sono dei parassiti. La parola che le definisce nella nostra lingua viene dal longobardo *zêkka* (in tedesco oggi è *Zecke* e in inglese *tick*). Le zecche sono Aracnidi come i ragni, ma non hanno tutti i lussi dei ragni propriamente detti, come spiega Karl von Frisch. Non posseggono infatti reti per la caccia, né letti sericei per le uova, non applicano filtri d'amore alle dimore delle femmine, né possono gettare vele per aria per spostarsi senza troppa fatica, non hanno neppure ghiandole sericipare. Il posto che gli spetta tra gli Aracnidi in verità è nel gruppo degli Acari, per altro assai ricco di specie.

Gli acari vivono su qualsiasi buona superficie: la pelle dell'uomo, il formaggio, la farina; ma ci sono anche acari che prediligono piccoli insetti come cavallette, farfalle e altri ancora. C'è persino un acaro che vive nei condotti respiratori delle api e finisce per infettare interi alveari sterminandoli. Si nutrono di fluidi, grazie a una faringe aspirante.

Le zecche sono parassiti ematofagi, dei giganti nel popolo di nani degli Acari. Dato che non è così facile e piacevole vederle, von Frisch le descrive brevemente: il corpo privo di articolazioni, una testa mobile con una specie di colletto, la proboscide con cui succhia, dalle qualità perforanti, che si protende in modo minaccioso in avanti. Le femmine sono diverse dai maschi per via di un ricco drappeggio sulla pelle, e sono molto più voraci, per ragioni riproduttive, del sesso opposto o complementare. Quando sono gonfie di sangue, la loro dimensione è quella di un pisello. Se un uomo tentasse di gonfiarsi in modo analogo, scoppierebbe ben prima di raggiungere una dimensione proporzionale. Nelle femmine della zecca la pelle è estensibile perché corrugata: una specie di piega, in definitiva.

Forse per questo piace così tanto a un celebre filosofo francese, Gilles Deleuze, che alla piega ha dedicato uno studio. In più occasioni Deleuze parla con entusiasmo della zecca. La ragione dipende dal suo « carattere » ridotto. La zecca risponde, o reagisce, solo a tre stimoli o « eccitanti»: l'odore, la temperatura e il tatto. Sale su un filo d'erba, o un ramo, attirata dalla luce, dice il filosofo in una conversazione, perché richiamata dalla luce; poi lì aspetta per lungo tempo senza mangiare, senza fare niente, completamente amorfa, fino a che non passa un essere vivente; quindi si lascia cadere attratta da un eccitante olfattivo. Una volta caduta sul pelo di un animale, un mammifero in genere, che riconosce grazie a un organo sensibile alla temperatura, cerca la zona meno coperta di peli, e spinta da un eccitante tattile si ficca nella pelle e sugge: «Del resto non le importa assolutamente niente. In una Natura brulicante, estrae e seleziona tre cose...»

Deleuze ha tratto queste informazioni da un naturalista tedesco, Jakob von Uexküll, considerato un pioniere dell'etologia e dell'ecologia, autore di un libro suggestivo, in cui parla, tra le altre cose, della zecca: *Ambienti animali e ambienti umani*. Von Uexküll, che è stato amico di Konrad Lorenz, nonché vicino al nazismo, definisce la zecca un «brigante di strada, sordo e cieco». Privo di occhi, questo insetto si avvicina alla vittima attraverso l'olfatto, stimolato dall'acido butirrico prodotto dai follicoli sebacei di tutti i mammiferi; è questo acido a fornire alla zecca un segnale per abbandonare la zona dove si è appostata, facendola cadere sulla vittima (il cane, come sanno bene i padroni).

È il mondo della zecca ad attrarre lo zoologo tedesco, che ha studiato anche i pesci ed è morto a Capri, perché amava come altri suoi connazionali il Sud dell'Italia. Questi racconta come presso l'Istituto zoologico di Rostock sono state tenute in vita delle zecche digiune per 18 anni. Di certo gli esseri umani non possono resistere così tanto tempo senza mangiare. Secondo von Uexküll se la vita umana è composta da una serie di istanti, ovvero segmenti temporali molto brevi, all'interno dei quali il mondo non sembra presentare alcun cambiamento, in quell'intervallo di tempo che è l'istante, scrive, « il mondo è fermo ». Per la specie umana questa brevissima durata può essere di « un diciottesimo di secondo »; per la zecca, che attende il mammifero su cui lasciarsi cadere, in uno stato simile al sonno, questo istante può benissimo durare per 18 anni come nell'Istituto di Rostock. Per questo ogni animale vive chiuso nel suo mondo-ambiente. Il tempo appare come il contenitore per qualunque avvenimento, ma anche l'unico elemento stabile nel continuo fluire degli avvenimenti, ad esempio, umani. Per questa ragione Deleuze ama le zecche? Probabilmente sì. La zecca è a suo modo un essere bergsoniano.

Ma torniamo al nostro acaro. Secondo von Frisch, nei piani della Natura la zecca non sarebbe destinata a diventare un parassita dell'uomo. Se ci capitano addosso, questo dipende dal caso. Preferiscono il cane, ma noi frequentiamo il cane, anzi è un nostro sodale, come ricorda Konrad Lorenz. Diciamo che le zecche non hanno gusti difficili: assalgono volpi, scoiattoli, porcospini, e anche molti altri mammiferi. In effetti il loro obiettivo consueto sono gli animali selvatici, che si muovono nei territori boschivi o nei campi. Una volta succhiato il loro ospite, le femmine si abbandonano, cadono in un prato, sul muschio del bosco, o in altri luoghi dove trovano condizioni adeguate per vivere. Dopo quindici giorni cominciano a deporre le uova, che poi trasportano sul capo. Questa fase dura due o tre settimane, indi si raggrinziscono e, coperte da migliaia di larve, muoiono. Le piccoline escono dalle loro uova; ma hanno solo sei zampe, le altre due cresceranno in seguito, allo stadio di ninfa. Come fanno a nutrirsi? Aspettano che transiti qualche topolino tra i fili d'erba dove si trovano; ma non disdegnano anche gli uccelli che nidificano sul terreno. Tutto il resto è fuori dalla loro portata.

Sembra una bella storia con un happy end; se non che spesso capita loro di non trovare nulla da mangiare. Come fanno? Se non passa una volpe o un altro animale selvatico, le piccole zecche sono in grado di resistere anche un anno. Ma dopo basta. Come è possibile che in queste condizioni la zecca non si sia estinta? La risposta è nel numero delle uova. Tra migliaia e migliaia di zecchine una o più riuscirà a salire in groppa a un topolino e a farcela. Von Frisch si ricorda di un episodio che avvalora la sua tesi: una volta, sulle rive di un fiume, si ferma sotto una tettoia di tegole e in breve è ricoperto di zecche. Come avevano fatto ad accorgersi di lui? L'ha spiegato von Ueskül. C'è l'acido butirrico, ma c'è anche l'attrazione per l'animale a sangue caldo e l'odore. Le zecche però non possiedono il gusto. Hanno fatto persino un esperimento in laboratorio con una boccetta di sangue: dopo averlo riscaldato, si è appurato che le zecche non succhiano. Recise le estremità delle zampe, invece, l'hanno fatto. Sarà l'odorato situato probabilmente nelle zampette a confermare che si trovano sul terreno adatto per vivere. E questo basta.

Animale antichissimo, è sopravvissuto da tempi immemorabili grazie al senso del calore e dell'odore. Purtroppo le zecche portano le malattie. Durante la stagione primaverile possono trasmettere all'uomo un virus che provoca forme di meningite: la terribile meningite estiva, che uccide.

Come fare per staccarle nel caso ci attacchino? Con del cotone imbevuto di trementina, ma meglio ancora la tintura di iodio, che inoltre disinfetta. Staccarla altrimenti non è molto agevole: fino a che il corpo della zecca non si è gonfiato, non molla la presa, tiene la sua proboscide ben confitta nella pelle del mammifero. Un altro modo, usato dai nostri nonni e bisnonni, è applicare un cerotto; non deve però essere troppo vecchio e la superficie adesiva non perfettamente asciutta; sono necessarie ventiquattr'ore, e alla fine l'ancoraggio cessa: la zecca deve respirare.

Leggendo le righe che Deleuze dedica a questo acaro, memori delle pagine che insieme a Felix Guattari ha consacrato a Kafka e ai suoi animali, viene da domandarsi cosa avrebbe scritto l'autore praghese se Gregor Samsa si fosse trasformato un bel mattino in una zecca, invece che in una specie di scarafaggio o coleottero. Cosa avrebbe pensato come zecca? Come avrebbe vissuto quell'istante lungo diciotto anni che von Uexküll ipotizza quale tempo soggettivo di questo acaro-ragno? Difficile rispondere. Deleuze nel suo dialogo con Claire Parnet dice che le zecche, le pulci, i ragni sono affascinanti, non meno importanti di cani e gatti. Ma chi mai vorrebbe essere una zecca? Forse neppure un coleottero stercorario. Fantasie da scrittori.

Ragni

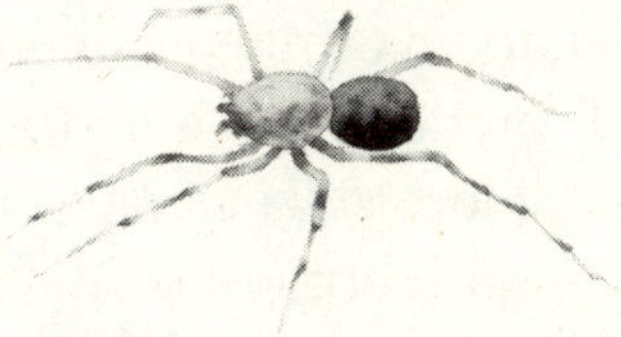

Primo Levi racconta di una delle sue notti più angosciose. Non è nel Lager, bensì in campagna e ha nove anni. Sente un ticchettio e accende la luce: un ragno nero sta scendendo dal tavolino da notte. Chiama aiuto terrorizzato, arriva la domestica e lo schiaccia. Ne scrive in «Paura dei ragni», dove s'interroga sul perché della sua reazione. Per molte persone il primo impulso di fronte a un ragno è la ripugnanza. La sua forma, le zampe, la natura di carnivoro, e poi soprattutto il veleno. I bambini, per primi, lo chiedono: «Ma questo ragno è velenoso?» Eppure i ragni sono fra gli animali più affascinanti sulla faccia della Terra.

Non sono degli insetti, anche se spesso ne parliamo come se lo fossero. Nostra ignoranza. Appartengono agli Artropodi, classe Aracnidi, imparentati con gli insetti; sono degli invertebrati, e hanno il corpo composto di due parti, non di tre come gli insetti; non possiedono le ali. Anzi, qualche entomologo ha ipotizzato che il volo degli insetti sia stato una strategia difensiva rispetto ai ragni che li predavano. Di certo i ragni sono arrivati prima di loro sulla terraferma: i fossili di altri aracnidi – gli scorpioni – risalgono a quattrocento milioni di anni fa, al periodo Devoniano, tre volte più vecchi dei dinosauri, per altro scomparsi. Alla fine gli Aracnidi sono ancora qui. I ragni hanno sviluppato lo strumento che li ha aiutati e che li rende così affascinanti: la tela. Con altri insetti condividono il privilegio di produrre la seta, ma non per farne un bozzolo protettivo; è probabile che i ragni abbiano inventato il filo di seta quale strumento di caccia, ma non solo. Le tele le tessono per catturare e conservare le prede, come vele per spostarsi, per conservare le uova, per i riti nuziali; in certe specie i maschi, più piccoli ed erranti, tessono piccole tele per posare il seme e quindi per raccoglierlo negli organi copulatori. Servono anche per la muta: il ragno cambia varie volte la cuticola che lo avvolge, e per farlo usa appendersi al filo o creare un piccolo materasso su cui stendersi per il cambio d'abito. Lo usa anche per fingersi morto quando è in pericolo.

Il filo di seta è un capolavoro fisico-chimico, come sapeva bene Primo Levi. Costituito da un assemblaggio di vari fili, a volte migliaia, intrecciati a formare un unico filo; quelli che lo compongono sono costituiti da una parte esterna e una interna, di diversa qualità chimica e di differenti proprietà. Le fibrille, come si chiamano i singoli fili, hanno le dimensioni di un milionesimo di millimetro, e il filo che le include varia tra i 25 e i 70 micron, ovvero un milionesimo di millimetro. Resistenza incredibile: reggono 149 chili per millimetro quadrato, superiore all'acciaio. Quando esce dalle ghiandole sericigene – sono nove diverse, a seconda del tipo di seta prodotta – il filo è liquido; si solidifica attraverso la trazione esercitata dal ragno. Un ragno crociato ne produce venti metri per ogni tela e la costruisce tutti i giorni. Dato che gli costa molto in termini energetici, ingurgita la tela vecchia, così che la nuova è composta per l'80-90% della precedente.

Poi c'è il *cribellum*, con cui molte specie di ragni producono, mediante un organo particolare, un pettine di peli corti, spessi e duri, la seta « calamistrata ». È appiccicosa, lanosa, e trattiene le prede. Non tutti i ragni tessono la tela, ma in tutte le tele c'è una parte di fili ricoperti di una sostanza collosa, per cui il ragno sta pazientemente fermo al centro della sua tela e aspetta che la vittima resti intrappolata nei fili. Nel caso della seta calamistrata, rischia di restare preso anche lui ma, come scrive Yves Sciama, tra qualche milione di anni i ragni troveranno di sicuro la soluzione per ovviare a questo difetto. Le tele sono di vari colori, dal bianco all'azzurrino, e sono uno spettacolo meraviglioso; la loro costruzione segue un metodo del tutto istintivo: non esiste nessuna scuola di tessitura. I giovani sono persino più bravi degli anziani. Certe droghe, e anche la caffeina, ne alterano il disegno.

I ragni ci vedono poco nonostante alcuni abbiano otto occhi. Si regolano dunque con il senso del tatto; seguono, dice Karl von Frisch, le sensazioni sulla punta delle loro dita. Percepiscono le prede così; sentono le vibrazioni della ragnatela e sanno subito se sarà un boccone grasso o magro. Se è pericoloso, il visitatore viene però liberato dal ragno stesso. Levi ha dedicato a questo animale, alla «ragna», la femmina, una poesia, un dialogo e l'articolo «Paura dei ragni», oltre a varie citazioni sparse nelle sue opere. Lo scrittore e chimico torinese è rimasto affascinato dalla loro attività riproduttiva, in cui aleggia il tema del cannibalismo. Sciama spiega che è difficile per un ragno trovare il partner, dato che è un animale solitario.

La faticosa ricerca del partner è quasi sempre sulle spalle dei maschi, che spesso si accoppiano solo una volta nella loro vita, e a volte sono divorati dalle femmine. Hanno inventato perciò un organo copulatore che introduce lo sperma nella femmina a distanza: una siringa che si trova su ciascun pedipalpo, organo in origine destinato alla locomozione, un paio di zampe modificate insomma. Le femmine hanno l'orifizio nella parte addominale, a volte pericolosamente vicino alla bocca. Il maschio carica di sperma i bulbi genitali, che non sono direttamente collegati con l'apparato genitale. I rituali e le danze sono i più vari: a volte si affidano a segnali visivi, a volte afrodisiaci. In certe specie il maschio per fecondare la femmina può compiere solo due mosse: prendendola davanti, sollevandola; oppure prendendola nella posizione dorsale. Meglio per lui la seconda: lo mette fuori dalla portata dei cheliceri della femmina.

Levi racconta che la sua fobia per i ragni gli è nata da un'incisione di Doré, dove appare Aracne, nel canto XII del *Purgatorio*. La fanciulla si trasforma in ragna: sei braccia pelose e due braccia umane. Un ibrido di cui Dante, nel lavoro dell'artista francese, sembra contemplare gli inguini: mezzo disgustato e mezzo voyeur. Come dargli torto?

Cosa leggere per saperne di più

Nelle note che seguono ho indicato i libri principali che ho letto e che consiglio per approfondire i singoli argomenti trattati in questo libretto; le note si possono leggere di seguito, oppure per singoli insetti, e quindi diversi titoli si ripetono. Non ho indicato molti altri volumi che ho consultato, o letto parzialmente, per non appesantire la bibliografia ragionata; quella riguardante gli insetti è una biblioteca molto estesa, in cui ci si può perdere, soprattutto seguendo le pubblicazioni specialistiche su singoli aspetti degli insetti di cui parlo, per lo più pubblicate in rete, oggi l'unico modo attraverso cui gli entomologi diffondono le loro ricerche. Ma ci sono anche libri della fine dell'Ottocento e dell'inizio del Novecento che meriterebbero di essere citati. Non l'ho fatto e me ne scuso.

Formiche

Karl von Frisch, lo scopritore del linguaggio delle api, premio Nobel per la Fisiologia e la Medicina, ha pubblicato negli anni Settanta, poco prima dell'assegnazione, una raccolta di saggi dedicati agli insetti, prevalentemente api, scritta tra gli anni Venti e gli anni Sessanta del XX secolo; l'ultimo s'intitola: *Insetti. Padroni della Terra*, ed è una conferenza pubblica del 1958. Nel titolo del libro è scomparso il punto fermo ed è apparso quello interrogativo: *Gli insetti padroni della Terra?* (SugarCo). Vi sostiene che nel corso degli ultimi trecento milioni di anni, cioè da quando esistono gli insetti, le condizioni di vita sulla Terra sono radicalmente mutate, ma questi sembrano equipaggiati a dovere per far fronte ai mutamenti futuri, cosa che agli umani non è detto che riesca. Giorgio Celli, che pure ammira lo scienziato austriaco, ha criticato al momento della pubblicazione in italiano del volume le posizioni di von Frisch riguardo la tesi sull'indebolimento fisico dell'umanità, definendo le sue affermazioni tendenziose e razziste (lo si legge in *Etologia da camera*, Rizzoli). Von Frisch, a differenza di Konrad Lorenz, con cui vinse il premio Nobel, non è stato però filonazista; anzi, non potendo dimostrare la « purezza » della sua razza – aveva avi ebrei –, fu osteggiato dai nazisti e anche accusato dall'associazione studentesca nazista di difendere gli ebrei nell'università dove lavorava; gli fu risparmiata l'espulsione solo perché grande esperto di api e di miele, alimento necessario durante la guerra. *Formiche*, scritto da Bert Hölldobler e Edward O. Wilson (Adelphi), è il libro che racconta il mondo delle formiche e la vicenda scientifica dei due autori, un volume molto bello e assolutamente abbordabile a differenza di altri studi specifici di Wilson, come *The Ants* (1991), che pure ha vinto il Premio Pulitzer. Padre della sociobiologia, Wilson trae le sue idee sulle società umane proprio dallo studio delle formiche; molto contestato nel corso degli anni Ottanta da parte di Stephen Jay Gould, genetista e saggista americano, nei saggi raccolti nel volume *Un riccio nella tempesta* (Codice). Wilson ha pubblicato anche un altro volume, *La conquista sociale della Terra* (Cortina), dove narra la storia parallela delle formiche e dell'uomo, ed espone le sue tesi sul parallelismo tra l'*Homo sapiens* e le formiche. Sempre dell'entomologo americano *Le società degli insetti* (Einaudi), due grossi volumi dedicati ad api, formiche, vespe sociali e termiti; un classico è invece il testo di Julian S. Huxley, *La vita segreta delle formiche* (Muzzio), con una postfazione di Roberto Visicchio e Francesco Le Moli, ricca di altre informazioni; da ultimo, il ponderoso *Il superorganismo* (Adelphi), sempre di Hölldobler e Wilson, che tratta anche di api e termiti, oltre che delle amate formiche, il saggio più completo sull'idea di superorganismo.

Api

I magnifici libri di Karl von Frisch reperibili in italiano su questo insetto sono: *Il linguaggio delle api* (Bollati Boringhieri), con prefazione di Giorgio Celli (volume che nasce da una serie di conferenze tenute nel 1949 nelle università americane, poi riviste nel 1971 alla vigilia dell'assegnazione del premio Nobel); ha un tono divulgativo, ma contiene tutto quello che c'è da sapere sulla comunicazione tra le api; *Nel mondo delle api* (Edagricole), prima edizione negli anni Venti, poi riscritto e corretto sino agli anni Cinquanta, ha molte interessanti pagine; è una lettura indispensabile per gli apicoltori, ma ha anche un valore scientifico, per quanto la scrittura di von Frisch sia sempre piana e accattivante: sa raccontare e spiegare. Sull'architettura degli alveari si leggano le pagine contenute in *L'architettura degli animali* (Mondadori), altro libro dello scienziato austriaco, volume illustrato, dedicato alle abitazioni degli animali; con il medesimo titolo il libro di James L. Gould e Carol Grant Gould, *L'architettura degli animali* (Cortina); *Gli insetti padroni della Terra?* (SugarCo) contiene scritti che vanno dal 1911 al 1969, in gran parte dedicati alle api, ma non solo; notevole la conferenza sul mimetismo, quella sull'udito dei pesci e su gusto e odorato negli animali e nell'uomo. Una lettura consigliabile è Maurice Maeterlinck, *La vita delle api* (Rizzoli), con una prefazione di Giorgio Celli, dove racconta come il poeta simbolista belga sia andato molto vicino alla definizione di « superorganismo » riguardo alle api, ma anche alle formiche e alle termiti (i tre libri dedicati ai tre insetti costituiscono una trilogia letteraria); Celli analizza il rapporto tra von Frisch e Maeterlinck, raccontando varie storie di scrittori e insetti; interessante Edward O. Wilson, *Le società degli insetti* (Einaudi), in due volumi, con parti dedicate alle api come superorganismo, perché costituisce il primo approccio di Wilson a quello che poi sarà la sociobiologia; è senza dubbio un monumento all'entomologia, con molte immagini, tabelle e didascalie.

Vespe

Il volume di Stefano Turillazzi, *La società delle vespe* (Perdisa), pubblicato nel 2003, è un vero e proprio trattato su questo insetto; ne racconta la forma, la storia della sua «socializzazione» e si sofferma sulle vespe *Polistinae*, cui ha dedicato i suoi studi; da leggere la parte dedicata all'evoluzione delle vespe sociali con la loro sfida alla teoria darwiniana, tema su cui torna anche Edward O. Wilson nel suo *Formiche*, scritto con Bert Hölldobler (Adelphi) e anche in *La conquista sociale della Terra* (Cortina), volume che affronta il parallelo tra gli insetti sociali e l'altro animale sociale, l'uomo. Un capitolo di *La società delle vespe* è dedicato al rapporto tra questo insetto e l'uomo. Il libro di Karl von Frisch di cui si parla è il classico *Il linguaggio delle api* (Bollati Boringhieri). Nella bibliografia del volume di Turillazzi sono citati vari studi più specialistici tra cui uno dell'etologo

Leo Pardi dell'Università di Firenze, pubblicato negli anni Ottanta, e numerosi siti dove si può approfondire lo studio delle vespe. Il racconto di Primo Levi *Pieno impiego* si legge in *Storie naturali* (Einaudi), libro pubblicato nel 1966, in un momento in cui gli studi etologici e sul mondo degli insetti erano in auge. *Vacanze all'isola dei gabbiani* (1964) di Astrid Lindgren è stato tradotto da Salani.

Termiti

Il libro di Maurice Maeterlinck *La vita delle termiti* è stato pubblicato in edizione italiana nella collana di Rizzoli «L'Ornitorinco», diretta da Ippolito Pizzetti, nel 1980 e si avvale dell'introduzione di Giorgio Celli, oltre che di pagine inedite scritte dall'autore dopo la prima edizione francese e mai incluse in altra pubblicazione precedente. Nel 1968 Adelphi ha tradotto fra i primi volumi della sua collana «Biblioteca Adelphi» il libro pionieristico di Eugène N. Marais, *L'anima della formica bianca*, pubblicato nel 1921 in Sudafrica, che causò una vertenza legale tra il singolare studioso sudafricano e Maeterlinck. Marais citò in giudizio il poeta per plagio, ma non si giunse mai a una sentenza definitiva. Non si è appurato se il simbolista belga abbia potuto leggere il testo del sudafricano pubblicato in *afrikaans*; su tutta questa storia interviene Celli. La prefazione all'edizione italiana del libro è di Gastone Pettenati, che giustamente sottolinea che l'intuizione fondamentale di Marais fu quella degli insetti sociali come « superorganismi ». Questo stesso tema è stato sviluppato da Edward O. Wilson nella sua opera del 1971 in due volumi, *Le società degli insetti*, tradotta da Einaudi nel 1976 e dedicata ai tre grandi insetti sociali: api, formiche e termiti (ma anche alle vespe cosiddette sociali). La preferenza di Wilson va alle formiche, di cui è un grande specialista; la parte dedicata alle termiti è la meno sviluppata dell'intera opera. Il volume non è più stato ristampato, ma si trova in molte biblioteche pubbliche, e la sua lettura, per quanto non sempre facile (è un'opera per specialisti e studiosi), riserva enormi sorprese. Sempre di Edward O. Wilson e Bert Hölldobler è *Il superorganismo* (Adelphi), altra grande opera di sintesi, che ha come sottotitolo esplicativo: *Bellezza, eleganza e stranezza delle società degli insetti*. I tre sostantivi definiscono perfettamente l'approccio dei due entomologi.

Farfalle

Jean-Henri Fabre dedica alle farfalle un capitolo del suo *I devastatori* (Rizzoli), opera pubblicata nel 1870. Vladimir Nabokov cita le farfalle quasi in ogni suo libro; la lettera alla sorella è compresa nel volume *Nostalgia. Lettere 1945-1974* (Archinto); i suoi studi specifici sui Lepidotteri si leggono in *Nabokov's Butterflies* (a cura di R.M. Pyle e B. Boyd, Beacon Press).

Stephen Jay Gould dedica a Nabokov entomologo un lungo saggio, *Non esiste scienza senza fantasia, né arte senza fatti: le farfalle di Vladimir Nabokov* (in *I Have Landed*, Codice), dove ridimensiona il valore del lavoro zoologico dello scrittore. Francesco M. Cataluccio ha scritto un articolo sui Lepidotteri di Nabokov dal titolo «Farfalle russe» (in *Vladimir Nabokov*, a cura di Maria Sebregondi ed Elisabetta Porfiri, «Riga», n. 16, Marcos y Marcos); di recente è uscito il volume dei disegni entomologici di Nabokov, *Fine Lines* (Yale University Press), che comprende anche diversi saggi dedicati al rapporto tra lo scrittore e le farfalle. Levi parla di questo insetto nell'articolo «Le farfalle» (in *L'altrui mestiere*, Einaudi), ma le farfalle sono presenti in vari punti della sua opera sin dai racconti fantabiologici di *Storie naturali* (Einaudi) del 1966. Il libro di Thomas Marent citato è *Farfalle* (Atlante): contiene bellissime immagini di dettagli e varie informazioni sulla vita delle farfalle; utile come opera di riferimento L.G. Higgins e N.D. Riley, *Farfalle d'Italia e d'Europa* (Rizzoli). Sulla vita sessuale degli insetti si legga: Menno Schilthuizen, *Anche le coccinelle nel loro piccolo...* (Bollati Boringhieri). Da leggere l'antologia *Farfalle* tratta dagli scritti di Hermann Hesse (Stampa Alternativa), che contiene saggi, poesie e pagine autobiografiche; a Hesse si riferisce Levi nelle ultime righe del suo scritto sulle farfalle. *Guida degli insetti d'Europa* di Michael Chinery (Muzzio) è un atlante illustrato, indispensabile per addentrarsi nel mondo degli insetti in generale, e delle farfalle in particolare.

Coleotteri

Il libro dove Ernst Jünger racconta le sue avventure di entomologo dilettante è *Cacce sottili* (Guanda), tradotto da Alessandra Iadicicco; Primo Levi parla dei coleotteri in un articolo pubblicato su *La Stampa*, poi raccolto in *L'altrui mestiere* (Einaudi), con il titolo «Gli scarabei». Oltre alla *Guida degli insetti d'Europa* di Michael Chinery (Muzzio), altre informazioni sono desunte dal volume di Vincent Albouy, *Le coccinelle* (De Vecchi); l'autore, un entomologo francese, oltre a molti dettagli sulla vita di questi insetti, fornisce una serie di ritratti di singole coccinelle. Karl von Frisch è citato dal suo libretto *Dodici piccoli coinquilini* (Mondadori); si rinvia anche al libro di Menno Schilthuizen, *Anche le coccinelle nel loro piccolo...* (Bollati Boringhieri), che, nonostante abbia nel titolo questo insetto, non dedica molte pagine ai costumi sessuali dei coleotteri. Infine, si legga di Douglas J. Emlen *Armi animali* (Codice).

Lucciole

Il testo di Pier Paolo Pasolini si legge in *Scritti corsari* (Garzanti), quello di Leonardo Sciascia in *L'affaire Moro* (Adelphi); *Il sentiero dei nidi di ragno* di Calvino è ora pubblicato da Mondadori. Domenico Barboni ha dedicato a questo insetto, amato dai poeti (Trilussa ad esempio), un bel libro illustrato, ricco di fotografie con ottimi ingrandimenti, *Lucciole* (Tera Mata); qui si legge il saggio entomologico di Riccardo Groppali, ricercatore a Pavia; avvincente la parte sulla morfologia e sul dimorfismo sessuale, con una sezione sull'accoppiamento; vengono poi confrontati i segmenti luminosi di tre specie con la struttura finale della «lampadina». Il ciclo vitale dell'insetto con la sua lunga vita larvale è descritto in modo dettagliato da Groppali, e anche il pasto carnivoro delle larve di lucciola a svantaggio delle chiocciole, tecnica assassina compresa. Danilo Mainardi parla della lucciola in un capitoletto del suo *Lo zoo aperto* (Rizzoli). Sulla bioluminescenza delle lucciole e gli studi specifici per scoprirne la formula chimica compiuti negli Stati Uniti si legga Vitus B. Dröscher, *Magia dei sensi nel mondo animale* (Feltrinelli), vecchio libro sempre utile.

Coccinelle

Su questo grazioso e terribile insetto si veda il libro di Vincent Albouy, *Le coccinelle* (De Vecchi), con moltissime informazioni e immagini e una galleria finale con le coccinelle più comuni; l'entomologo è francese e perciò privilegia le coccinelle che si trovano nel suo paese, in particolare nel Sud. Anche nel libro di Michael Chinery, *Guida degli insetti d'Europa* (Muzzio), ci sono alcune informazioni sulla loro classificazione; altre cose sono state desunte da letture sparse e da conversazioni con entomologi; naturalmente altre notizie si trovano nel divertente e colto volume di Menno Schilthuizen, *Anche le coccinelle nel loro piccolo...* (Bollati Boringhieri).

Scarafaggi

Con il suo libro *Dodici piccoli coinquilini* (Mondadori) Karl von Frisch è il profeta delle blatte; il capitolo che gli dedica è davvero interessante; si sofferma in particolare sulla dotazione masticatoria delle blatte, dal punto di vista evolutivo più avanzata di quella dell'uomo. Questo libro, pubblicato in italiano nel 1981, è stato probabilmente letto con attenzione da Primo Levi, che ne ha desunto molte informazioni sugli insetti e i parassiti. Marco Di Domenico scrive delle blatte in un capitolo del suo *Italiani pericolosi* (Bollati Boringhieri), dove tratta anche della mutazione degli scarafaggi, tema su cui si sofferma von Frisch; lo zoologo austriaco sottolinea la tendenza cannibalica di questi insetti; Danilo Mainardi nel suo *Zoo aperto* (Rizzoli), libro dove ha raccolto gli articoli apparsi su *L'Espresso* negli anni Settanta, dedica due brevi capitoli agli scarafaggi, alla loro socialità e ai meccanismi chimici di comunicazione; cita anche gli studi di Louis Roth, che si è dedicato a questa ricerca. Vladimir Nabokov disegna lo scarafaggio di Kafka in *Lezioni di letteratura* (Garzanti), dal momento che nelle sue lezioni alla Cornell University nel 1948 ha analizzato *La metamorfosi* dello scrittore praghese; precisa che non si tratta per nulla di uno scarafaggio stercorario, come invece dice la vecchia serva rivolgendosi al povero Gregor Samsa usando questo termine in tedesco. Primo Levi parla dell'insetto di Kafka in un capitolo di *L'altrui mestiere*, intitolato «Gli scarabei», in origine un articolo; per l'ex chimico torinese l'insetto, che comunemente è interpretato come uno scarafaggio, in realtà è uno scarabeo.

Zanzare

Un manuale per riconoscere gli insetti cui fare riferimento anche per le zanzare è *Guida degli insetti d'Europa* di Michael Chinery (Muzzio), introduzione di Giorgio Celli; Karl von Frisch ha dedicato un capitolo del suo *Dodici piccoli coinquilini* (Mondadori) alla zanzara e al flagello che viene dall'acqua; Claudio Venturelli e Marina Marazza, un entomologo e una giornalista e scrittrice, hanno pubblicato un libro ricco d'informazioni su questo insetto, *Questione di culex* (De Agostini), brillante e curioso, con le indicazioni delle malattie trasmesse dalle zanzare; Marco Di Domenico gli riserva un suggestivo capitolo in *Italiani pericolosi* (Bollati Boringhieri). Richard Swift ha scritto *Zanzara* (Apogeo), con un taglio più storico che scientifico, parlando del prosciugamento delle paludi dell'Agro Pontino; vi cita anche vari romanzi in cui figurano le zanzare, tra cui *Mosquito Coast* di

Paul Theroux (tradotto da Mondadori); di recente è stato ripubblicato il secondo romanzo di William Faulkner, *Zanzare* (Einaudi), con prefazione di Massimo Bacigalupo. Di Roger Caillois si legga « La mantide religiosa » in *Il mito e l'uomo* (Bollati Boringhieri) e anche « Le ali delle farfalle » in *L'occhio di medusa* (Cortina).

Mosche

Nel volume del 1913 del grande entomologo francese Jean-Henri Fabre, *Le meraviglie dell'istinto negli insetti* (Armando), si legge una descrizione dell'azione della mosca azzurra della carne; Marco Di Domenico tratta della mosca in *Italiani pericolosi* (Bollati Boringhieri); l'affascinante studio di Karl von Frisch *Dodici piccoli coinquilini* (Mondadori), scritto con garbo, intelligenza e grande sapienza, contiene le informazioni essenziali su questo insetto; il libro di Fredrik Sjöberg, *L'arte di collezionare mosche* (Iperborea), che ha avuto notevole successo in vari paesi europei, è insieme un saggio, un'autobiografia e un racconto, con tanto di finale giallo; sulla vita delle mosche si legga il classico di Vitus B. Dröscher, *Magia dei sensi nel mondo animale* (Feltrinelli), dove tratta dell'anemometro delle mosche che permette di misurare la forza e la direzione del vento. Si consiglia anche di Jared Diamond *Armi, acciaio e malattie* (Einaudi), che offre, tra le varie cose, un quadro del rapporto tra l'uomo e gli animali negli ultimi tredicimila anni.

Pulci

Le mie pulci è il titolo del saggio di Giovanni Berlinguer; l'ultima edizione è pubblicata da Utet nel 2005; contiene moltissime informazioni su questo insetto e una bibliografia; è da considerarsi anche un libro autobiografico, che narra il rapporto tra l'autore e questo insetto. Karl von Frisch ne tratta nel suo *Dodici piccoli coinquilini* (Mondadori). Primo Levi ne scrive in « Il salto della pulce », raccolto in *L'altrui mestiere* (Einaudi); per i vari parassiti nell'opera dello scrittore torinese, dalle pulci ai pidocchi, rimando al mio « Parassiti », in *Primo Levi di fronte e di profilo* (Guanda). Un breve capitolo dedicato alla pulce si legge in *Lo zoo aperto*, di Danilo Mainardi (Rizzoli).

Pidocchi e cimici

La poesia di Anton Maria Narducci si trova nel libro curato da Benedetto Croce, *Lirici manieristi*, edito da Laterza nel 1910, ma è citata e commentata anche in varie antologie scolastiche per il suo curioso argomento. Nel suo libro sui parassiti domestici Karl von Frisch dedica due ampi capitoli ai pidocchi che infestano l'uomo e ai pidocchi delle piante, non meno interessanti; molte delle notizie sono desunte da qui e da altre informazioni raccolte nel corso del tempo, avendo avuto figlie piccole nell'arco di due decenni e combattuto la grande guerra dei pidocchi; ne ho parlato in vari pezzi pubblicati su *La Stampa* nella rubrica «Minima». Nel libro di von Frisch si trova un capitolo sulla cimice altrettanto ricco di notizie e dati. Michael Chinery nel suo *Guida degli insetti d'Europa* (Muzzio) fornisce utili informazioni su questi due parassiti. Nelle pagine di memorialisti della Prima guerra mondiale il pidocchio è una presenza comune, così nei primi due libri di Primo Levi, *Se questo è un uomo* e *La tregua*, pubblicati da Einaudi; anche la cimice è citata in questi due libri, in particolare nel secondo. Il passo di Gottfried Keller è riportato nel libro di von Frisch. Sui pidocchi un breve capitolo in Danilo Mainardi, *Lo zoo aperto* (Rizzoli), che ricorda come dopo l'uso del DDT negli anni Settanta questi parassiti siano ritornati in forza e che sono in grado di trovarsi una zazzera anche in uomini completamente nudi, basta che abbiano un braccialetto.

Zecche

Il capitolo dedicato alla zecca conclude in modo notevole la trattazione dedicata da Karl von Frisch ai parassiti domestici, *Dodici piccoli coinquilini* (Mondadori); molte delle informazioni provengono da questo piccolo libro; il libro citato da Gilles Deleuze è *Am-*

bienti animali e ambienti umani di Jakob von Uexküll (Quodlibet), curato da Mario Mazzeo, che traccia una biografia dell'etologo tedesco; era già stato tradotto nel 1967 da il Saggiatore con il titolo *Ambiente e comportamento*. Il filosofo francese cita la zecca nel suo dialogo registrato con Claire Parnet *Abecedario* (Derive Approdi), e anche nella parte finale di *Mille piani. Capitalismo e schizofrenia* pubblicato insieme a Félix Guattari (Cooper & Castelvecchi); Simone Borghi tratta l'argomento del rapporto tra Deleuze e von Uexküll nelle prime pagine del suo *La casa e il cosmo. Ritornello e musica nel pensiero di Deleuze e Guattari* (Ombre corte). Il testo di Gilles Deleuze e Félix Guattari dedicato a Kafka e all'animalità si intitola *Kafka. Per una letteratura minore* (Quodlibet).

Ragni

Lo storico francese Jules Michelet ha pubblicato nella seconda metà dell'Ottocento *L'insetto* (Rizzoli), dove si leggono due capitoli sui ragni; anche Jean-Henri Fabre ne tratta in vari punti della sua opera di entomologo, in particolare in *Le meraviglie dell'istinto negli insetti*, del 1913 (Armando); Heiko Bellman ha pubblicato un'esauriente *Guida ai ragni d'Europa* (Muzzio), con le immagini delle 400 specie ospitate dal Vecchio Continente, i ragni più comuni in casa e in giardino; Mirella Delfini ha scritto di un fantastico incontro con un ragno in *La vita segreta dei ragni*

(Muzzio); il breve libro di Yves Sciama, *I ragni* (De Vecchi), contiene informazioni e anche immagini dei ragni e spiega la questione della muta e del cannibalismo ragnesco; Karl von Frisch ne scrive come al solito in modo efficace ed elegante in *Dodici piccoli coinquilini* (Mondadori); di Primo Levi si legga «Paura dei ragni», in *L'altrui mestiere* (Einaudi); di H.G. Wells il racconto *La valle dei ragni* (Adelphi), da cui Levi ha probabilmente tratto ispirazione, pubblicato insieme a un altro racconto, *L'impero delle formiche*, anche questo davvero rimarchevole.

Nota

Alcune di queste pagine sono già apparse su *La Stampa* nel corso dell'estate del 2015, o in vari giornali in anni precedenti, e poi ripubblicate in parte sul sito doppiozero.com. Molte sono invece state scritte per questo volume, e sono perciò inedite. Devo la proposta di quella serie estiva a Mario Calabresi, che ne ha incoraggiato la pubblicazione sul giornale che allora dirigeva. Grazie ad Angela e Luigi Grazioli che hanno letto e rivisto parte di questi testi. Un sentito ringraziamento a chi ha incoraggiato le varie ricerche bibliografiche, come Michele Luzzatto, che in una bella cena torinese ha suggerito numerose letture: molte le ho fatte, molte le farò. Ancora grazie anche a Marco Vannini, che ha riletto alcune parti del testo; e a Davide Sassi, che ha fatto significative osservazioni sul dattiloscritto.

Un ringraziamento speciale a Laura Beani, dotata della doppia lingua della letteratura e della entomologia, che ha riletto ed emendato: quasi una coautrice. Senza di lei questo libro non sarebbe uscito o forse sarebbe stato pubblicato con errori e imprecisioni (quelli che permangono sono solo miei, ovviamente).

Giovanna Durì, autrice visiva di questo volumetto, l'ha illustrato con le sue magnifiche immagini su *La Stampa* durante quell'estate. E ora, con generoso dono, ha ridisegnato il tutto per questa pubblicazione. Senza i suoi magnifici disegni, tutto sarebbe meno bello.

Infine grazie a Luigi Brioschi, e alla redazione Guanda che l'ha trasformato davvero in un libro.

Indice

Fotocomposizione Editype s.r.l.
Agrate Brianza (Milano)

Finito di stampare
nel mese di ottobre 2016
per conto della Ugo Guanda S.r.l.
da Grafica Veneta S.p.A. di Trebaseleghe (PD)
Printed in Italy